Rocas de Aplicación
de la Provincia de la Rioja

UNIVERSITAS

Rocas de Aplicación de la Provincia de la Rioja

Ing. Miguel Más

Ingeniero de Minas. Profesor Titular de Planta de Tratamiento de Minerales.
Universidad Nacional de San Luis.

Ing. Vicente Calbo

Ingeniero de Minas. Profesor Titular Mecánica de Rocas y Suelos.
Universidad Nacional de la Rioja

Ing. Eduardo Balmaceda.

Ingeniero de Minas. Profesor Titular Explotaciones Mineras.
Universidad Nacional de La Rioja

Editorial Científica Universitaria

Diseño de Tapa: Ing. Jorge G. Sarmiento
Autoedición: Los Autores
Producción Gráfica: Los Autores.

ISBN: 978-987-572-005-3

Prólogo

A fines de la década del 80 y comienzos del 90, cobró gran impulso la exploración y explotación de rocas de aplicación en el país y particularmente en la Provincia de La Rioja. Esto trajo aparejado intensas exploraciones y la realización de inversiones importantes tanto en la adquisición de canteras como en la instalación de plantas procesadoras.

El granito negro ha sido y es el material más demandado y el que mayor expectativa ha creado principalmente en le mercado internacional. Respecto del resto de las rocas no estaba claramente definido y no se contaba con un catálogo actualizado de canteras y productos disponibles.

El presente volumen, surge a partir del proyecto de investigación *Caracterización Y Optimización del Corte de Rocas Ornamentales y Recuperación Económica de Efluentes de las Plantas de Procesamiento*, desarrollado en el Instituto Tecnológico de Investigaciones Mineras, de la Universidad Nacional de La Rioja y pretende proporcionar una guía de estudio sobre el tema, definiendo los tipos de rocas que se utilizan en la actualidad y cuáles son los factores que se deben tener en cuenta para analizar un yacimiento de estas características.

Se presentan las bases para definir su explotabilidad y al mismo tiempo que tipo de ocurrencias en el terreno, podemos encontrar, lo que permitirá conocer los tipos de canteras y sus características más importantes.

También se analizan conceptos de Ingeniería de diseño, los que hay que tener en cuenta para la elaboración de un proyecto de explotación, los métodos de extracción más adecuados y sus características más sobresalientes, junto con una descripción de las distintas operaciones que se deben realizar hasta la obtención de un bloque de roca final.

Se ha realizado una descripción muy sucinta de las operaciones de aserrado y pulido, necesarias para la obtención de un producto que sea aceptado por el mercado y por lo tanto vendible en condiciones económicas.

Se analizan las normas IRAN y UNE, más importantes, en donde se presentan las diferentes técnicas aplicadas a las rocas de aplicación y sus especificaciones.

Se ha elaborado todo un capitulo sobre el tratamiento de los efluentes generados por las plantas de aserrado y pulido, como una especial contribución a la protección del medio. Aquí se describe el proceso aplicado al tratamiento de los mismos y de los equipos intervinientes.

Se da información sobre los resultados obtenidos en un trabajo de investigación en donde se seleccionaron algunas canteras y sobre todo aquellas que tenían mejores perspectivas según la demanda del mercado. Se realizó una campaña de muestreo y una batería de ensayos, tendientes a establecer parámetros mínimos que posibilitaran su acercamiento a una tipificación. Los ensayos realizados se ajustaron a la aplicación de las normas IRAM.

Por ultimo se ha incluido, un relevamiento de canteras, realizado desde el proyecto de investigación que fuera dirigido y ejecutado por los autores y que tubo como base y apoyo, el ITIM- Instituto Tecnológico de Investigaciones Mineras de la UNLaR. En este se ha ordenado, las canteras que hasta 1997, se encontraban con solicitud de pedido para explotación en la Dirección de Minería de la provincia de La Rioja, indicando el departamento o localidad a la que pertenecen, tipo de material, y una breve descripción técnica de las mismas.

Los Autores

UNIVERSITAS

Indice

1

Sistemas de Explotacion y Tratamiento

1.1. Introduccion

El presente capítulo, pretende proporcionar una guía de consulta sobre el tema rocas ornamentales, consignando los tipos de rocas que se utilizan en la actualidad y que factores que se deben tener en cuenta para analizar un yacimiento de este tipo. Estos aspectos definirán la explotabilidad, los tipos de canteras y sus características más importantes.

También se analizan los conceptos de Ingeniería de diseño a tener en cuenta para la elaboración de un proyecto de explotación y se consideran los métodos de extracción más adecuados y sus características más sobresalientes, junto con una descripción de las distintas operaciones que se deben realizar hasta la obtención de un bloque de roca y una breve descripción de las operaciones de aserrado o corte y pulido necesarias para producir las piezas requeridas por el mercado consumidor.

1.2. Generalidades

La utilización de la piedra natural, a lo largo de la historia, ha sido tan significativa que las grandes civilizaciones se han caracterizado por el grado de utilización de estos materiales en obras de ingeniería, arquitectura y arte (esculturas). Estas obras son consideradas hoy como patrimonio artístico y cultural de toda la humanidad; las pirámides de Egipto, castillos, palacios, monumentos, basílicas, etc., cuya magnificencia, son demostraciones de habilidad constructiva y aplicación de materiales que todavía hoy podemos admirar a pesar de los siglos transcurridos. Pareciera que el hombre ha intentado perpetuar su existencia a través de estos materiales de gran durabilidad.

Las rocas ornamentales representan hoy uno de los materiales más ampliamente utilizados en la construcción pero principalmente con un carácter embellecedor o estético, aunque en algunos casos todavía se emplea en la construcción de estructuras de ingeniería civil. También se ha comenzado a utilizar estas rocas, en la construcción de caminos a modo de pavimento ecológico.

La explotación de las rocas ornamentales es una de las actividades del hombre más antiguas, pues ya los egipcios, 2.600 años A. de C. realizaban la extracción de bloques de calizas y granitos, para la construcción de las pirámides, mediante la utilización de técnicas similares a las empleadas hasta hace pocos años.

El continuo avance tecnológico, ha logrado una importante mejora de las técnicas de extracción, corte y pulido que ha permitido también una mejora sustancial en la calidad de los productos con costos cada vez más competitivos.

La piedra es un material natural, con características mecánicas y estéticas definidas difícilmente reemplazables por los productos sintéticos, los que no despiertan el mismo sentido místico y exótico que el de las rocas naturales.

En las últimas décadas, la industria de la Rocas Ornamentales o Rocas de Aplicación, y especialmente las Graníticas, ha tenido un gran impulso a escala mundial, como consecuencia de una mayor demanda de estos productos. En nuestro país, donde la utilización de las piedra en la construcción no es una costumbre habitual generalizada, han surgido algunos emprendimientos productivos nuevos, además de los ya existentes, pero que no han tenido una evolución adecuada.

La Provincia de la Rioja, ubicada geológicamente dentro del ambiente de Sierras Pampeanas, ofrece grandes posibilidades de yacimientos graníticos. En las fotos de las figuras 1 y 2, pueden observarse afloramientos graníticos en las Sierras de Chepes, las que presentan gran potencial.

Figura 1: Afloramiento granítico en las Sierras de Chepes Sur.

1.3. Tipos de rocas ornamentales.

Desde el punto de vista industrial las rocas naturales pueden dividirse el cuatro grupos principales que son: Granitos, Mármoles, Pizarras y Piedras de Canterías.

En términos generales y teniendo en cuenta aspectos comerciales se considera "**granito**" a cualquier tipo roca no calcárea, que pueda ser pulida, lustrada, separada en planchas delgadas, utilizada como material de construcción y que, además, resulte agradable a la vista. Esta consideración incluye rocas que petrográficamente no son granitos, como la labradorita, los gabros, las dioritas, sienitas, dunitas, etc., pero que se comportan en forma similar. Estas rocas, de origen ígneo en general, se caracterizan por un grado de dureza elevado y por poseer resistencias a la compresión simple que pueden ser superiores a los 2.000 kg./cm^2. lo que significa una gran dificultad de arranque.

Del mismo modo, desde el punto de vista comercial, se denomina "**mármol**" a toda roca calcárea que acepte pulido y lustrado, incluyendo rocas calcáreas metamórficas y sedimentarias, como caliza cristalina granular, dolomita y otras. Se caracterizan por un grado de resistencia media, inferior a la de los granitos, con resistencias a la compresión simple entre 400 kg./cm^2 y 1.000 kg./cm^2, por lo que su explotación es menos dificultosa.

A otro grupo de materiales relativamente blandos como las calizas, brechas, areniscas y pizarras, (de origen generalmente sedimentario o metamórfico, pero con valores de resistencia a la compresión menores de 400 kg./cm^2), se les ha asignado el nombre genérico de "**pizarras**".

Ultimamente se está considerando otro grupo de rocas ornamentales denominado por la bibliografía española como "**Piedras de Cantería**", constituidas por otros materiales como alabastro, areniscas, cuarcitas y otras, que no se han incluidas en los estudios tratados en el capitulo IV.

1.4. Explotabilidad de los yacimientos.

Desde el punto de vista de su empleo, es necesario que las rocas ornamentales reúnan una serie de propiedades físicas, químicas y mecánicas, de manera que puedan resultar aptas para el fin establecido. Podemos decir que estos materiales deben satisfacer tres requisitos indispensables para su utilización como tal y que son: Estética, que incluye requisitos de color y textura, Técnicos, que implica que deben ser resistentes a esfuerzos mecánicos y a la acción de los agentes atmosféricos, y Económicos, que significa que se puedan extraer con facilidad y que sean trabajables. Estas características se deben evaluar mediante la realización de una serie de ensayos determinados sobre muestras del material a explotar.

Las **propiedades físicas** de los materiales que hacen que un depósito de rocas ornamentales sea comercial, principalmente son: el color y apariencia, competencia, uniformidad, resistencia, ausencia de grietas e imperfecciones, discontinuidades, etc. Las **propiedades químicas** que deben tenerse en cuenta son: su composición, durabilidad y resistencia a los agentes atmosféricos. Las **propiedades mecánicas** a considerar son la resistencia a los distintos esfuerzos a los que estarán sometidas. La prospección, exploración y la explotación por lo tanto, se llevan a cabo en una forma muy diferente a la realizada para otros tipos de mineral.

Figura 2: Afloramiento granítico en las Sierras de Chepes Norte, Punta de Los Llanos.

La explotabilidad de un yacimiento depende especialmente del precio de venta y del costo de producción y este a su vez depende de la recuperación del material. En este caso la recuperación se define como la relación entre el volumen de los bloques recuperados y el volumen total de material extraído. Todas las operaciones de explotación y procesamiento están preparadas para el transporte de bloques individuales. La recuperación en la explotación de este tipo de yacimientos es muy baja, generalmente entre el 10 y el 40 %, esto implica que el estéril o desperdicio es cuantioso, (entre el 60 y el 90%), de modo que las áreas de deposición de estéril o escombreras deben estudiarse lo más cuidadosamente posible, tanto desde el punto de vista técnico y económico, como así también desde el aspecto ambiental.

Además de la recuperación, debe tenerse en cuenta la presencia de una cubierta inútil o encape de estéril de espesor variable. La eliminación del mismo, que generalmente es escaso, se puede realizar en forma mecánica (excavación), cuando esta desagregado, o por métodos tradicionales (perforación y voladuras) cuando es muy consistente. La relación de material estéril a roca útil se denomina relación de destape y decide sobre la explotación a Cielo Abierto o Subterránea.

1.5. Tipos de canteras.

Atendiendo a la ubicación espacial de los cuerpos de rocas ornamentales, se pueden diferenciar dos sistemas de explotación: a cielo abierto y subterránea. La utilización de cada uno de estos sistemas está determinada fundamentalmente por la profundidad desde la superficie a la que se encuentra ubicado el yacimiento, lo cual tiene connotaciones económicas de importancia relevante y además por las condiciones topográficas del terreno. También las cuestiones ambientales tienen una influencia cada vez mayor.

1.5.1. Canteras a cielo abierto.

Adoptamos los criterios y clasificación propuestas por el Manual de Rocas Ornamentales de ETSIMA-España 1995.

1.5.1.1. Canteras en pozo.

Cuando el yacimiento se encuentra en un terreno llano, es decir, de topografía suave, la explotación de la cantera avanza generalmente en profundidad. Según como sea el acceso a la cantera y la forma como se extraen los materiales se pueden diferenciar dos tipos:

a) En pozo con extracción por grúas

b) En pozo con rampas de acceso.

En la **primera**, los frentes de trabajo están confinados y limitados por taludes pde gran pendiente y la extracción de los bloques y de los escombros se realiza por medio de grúas de distintos tipos. El acceso a estas explotaciones resulta dificultoso y normalmente se efectúa a través de escaleras empotradas en las paredes, lo que representa una dificultad por el gran esfuerzo que debe realizar el personal. Una explotación de este tipo puede verse en la figura 3.

Figura 3: Extracción por Grúas. (Hartman, 1985)

En la segunda, el acceso a los distintos frentes de trabajo se realiza a través de rampas, lo que permite la utilización de equipos sobre neumáticos para la manipulación de los bloques y el transporte de materiales y equipos. Esto otorga mayor versatilidad de movimiento en las explotaciones.

En estos tipos de canteras, de desarrollo preferentemente vertical o en profundidad, se presenta el inconveniente del flujo de agua a los frentes de trabajo la que, a falta de un drenaje natural debe ser eliminada por medio de sistemas de drenajes y desagües por bombas.

Cuando el flujo de agua es muy importante, puede resultar conveniente provocar el descenso del nivel freático a través de perforaciones para desagüe realizadas en las proximidades de las explotaciones.

La cantera "Difunta Correa", en Punta de Los Llanos, presenta en este momento estas características. Después de haberse extraído material sobre nivel, la explotación avanza en profundidad, siendo posible la elevación de los materiales solo mediante el concurso de una grúa. En este caso se instaló una grúa Derric para la extracción de los bloques de granito.

1.5.1.2. Canteras en laderas.

Son aquellas explotaciones que se desarrollan en terrenos con una topografía irregular, normalmente en la ladera de una montaña, donde la explotación puede comenzar por los niveles inferiores y los trabajos progresan hacia el centro del macizo o comenzando desde la cota mas alta, formando bancos en forma descendente. Fig. 4.

En el segundo caso, los accesos a los yacimientos cobra importancia relevante, resultando conveniente especialmente cuando existen explotaciones colindantes por la posibilidad de una utilización compartida.

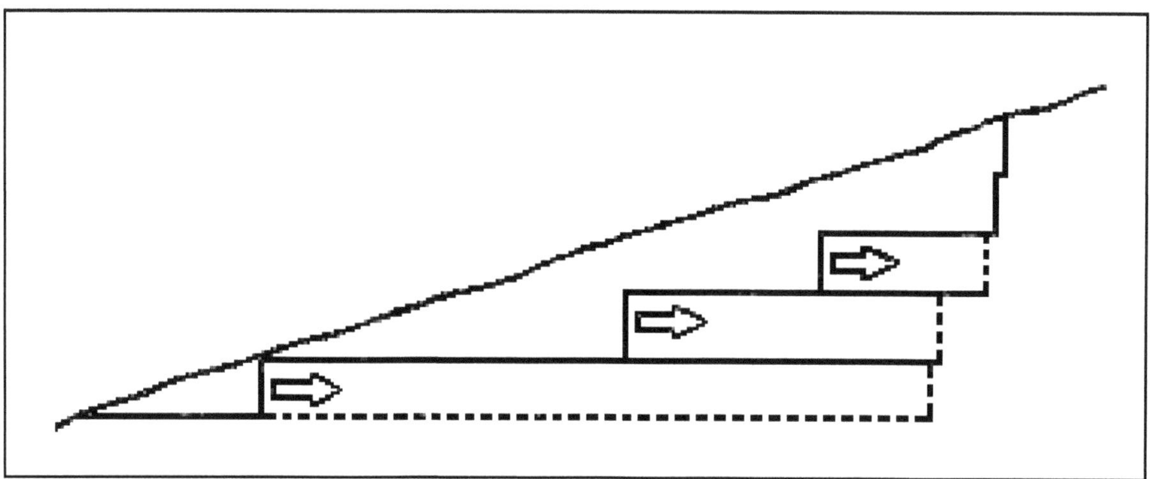

Figura 4: Perfil de una explotación en ladera.(Manual Rocas Ornamentales)

1.5.2. Canteras subterraneas.

La explotación de rocas ornamentales por métodos subterráneos no es común y aunque existen algunos ejemplos a nivel mundial, y en el país (en San Juan), los costos que acarea una explotación de este tipo son exorbitantes. De todos modos será una alternativa válida cuando los recubrimientos sean voluminosos, (gran relación de destape), las exigencias medioambientales, demasiado estrictas o cuando las condiciones climatológicas sean extremas. Obviamente el precio del material debe justificar este tipo de metodología de extracción.

El método de explotación utilizado es el de Cámaras y Pilares con frentes de bancos.

1.6. Planificacion y diseño de las canteras.

En el desarrollo de una explotación a cielo abierto, o proyecto minero la principal tarea de diseño de ingeniería, es la *planificación de la cantera.* Existen cuatro grupos de factores a tener en cuenta y que son:

a) ***Factores geológicos y naturales**:* condiciones geológicas, tipo de material, condiciones hidrológicas, topografía y características de las operaciones de corte y pulido.

b) ***Factores económicos**:* Tonelaje o metraje de material, relación de destape, costos de operación, costos de inversión, beneficios deseados, capacidad de producción y condiciones de mercado.

c) ***Factores tecnológicos o geométricos**:* equipamiento, talud del pozo, altura de bancos, pendiente de los caminos, límites de propiedad, y límites de pozo.

d) ***Factores medioambientales**:* Reducción de impactos ambientales, restauración de los terrenos, etc.

Probablemente la determinación de los límites del pozo, es el más importante y el más difícil de todos.

Planificación de largo alcance. El paso inicial en el diseño de una Explotación a Cielo Abierto, es la confección de un *plan de explotación de largo alcance o diseño final de la cantera.* En la preparación de este plan se utilizarán los datos obtenidos en la exhaustiva exploración, a partir de la cual se graficarán los distintos tipos de materiales que pudieran existir o sus variaciones texturales y los sistemas de fracturas y diaclasa que en definitiva influirán el la recuperación del yacimiento y en la determinación de los límites finales de la cantera.

Estos Planes de Explotación de Largo Alcance no son estáticos, sino que varían con el tiempo, pues reflejan los efectos de los cambios económicos, el mayor conocimiento del cuerpo del material y los adelantos de las tecnologías, por lo que esta planificación debe ir ajustándose a intervalos regulares, para lo cual resulta adecuado la utilización de la computadora.

Relación de Destape, SR_{max}. La determinación de la SR_{max} de una explotación a cielo abierto, que es una relación neutra basada solamente en consideraciones económicas, sirve para determinar los límites de la cantera. Se define como la relación de recubrimiento a material útil en el límite final de la cantera donde el margen del beneficio es cero. En este punto existe igualdad de costo por unidad de volumen ($1m^3$) de materia útil desde los trabajos a Cielo Abierto y Subterráneos

Matemáticamente se calcula como sigue:

$$SR_{max} = \frac{\text{Valor del material} - \text{Costo de Producción}}{\text{Costo de destape}} =$$

$$= \frac{\text{destape admisible}}{\text{Costo de destape}} \quad \text{en} \quad \frac{\$\,\text{ton}}{\$\,\text{m}^3} \quad \left(\frac{\text{m}^3}{\text{ton}}\right)$$

El valor del material (\$/ton) es el valor recuperable o precio de venta del mineral, y el costo de producción (\$/ton) es el costo total de extracción del material, incluido el procesamiento final, sin contar el destape. El costo de destape (\$/m^3) es el costo de arranque y transporte de una unidad de volumen de recubrimiento standard o coste de extracción del estéril.

Como el valor de costo de producción mínimo, normalmente iguala a los beneficios, y éstos tienen asignado el valor cero en el límite de la cantera, el numerador se convierte en el *Destape Admisible.*

La relación de destape admisible puede variar con el tiempo por las variaciones de los precios de venta por lo que resulta provechoso preparar una tabla o gráfico que muestra la variación de SR_{max} con las variaciones de precios.

La relación de destape admisible máxima también tiene significado físico pues nos permite ubicar los límites finales de la cantera o los limites para las condiciones económicas prevalecientes y para las condiciones físicas y geométricas existentes en la cantera.

La porción del cuerpo de mineral yacente más allá del límite final de la cantera deberá abandonarse o explotarse por métodos subterráneos, en el valor de SR_{max} que expresa que el costo de la explotación a cielo abierto excede al valor de la explotación subterránea.

Planificación a corto alcance. Una vez que se ha establecido el plan de explotación a largo alcance, es fundamental desarrollar una serie de planes de explotación a corto alcance. Estos planes definen los pasos intermedios requeridos para determinar los límites finales de la cantera bajo la concurrencia de las condi- ciones físicas, de operación y legales. Ello además proporciona los contornos de la cantera, relación de destape y la información necesaria y anticipada de los beneficios para proyectar la futura producción y las necesidades de equipamiento.

Para la preparación de un plan de corto alcance, los ingenieros proyectan sobre un conjunto de secciones horizontales una serie de cortes de explotación propuestos. La ubicación y extensión de los cortes reflejan los criterios de ingeniería de los varios factores operacionales involucrados.

La estrategia de explotación tanto para la planificación a corto alcance como para la de largo alcance, debe reflejar la meta de la gerencia y de la compañía.

1.7. Explotacion de las canteras.

Para satisfacer el requisito económico, es decir extraer el material con facilidad, existen una serie de procedimientos que en general se denominan técnicas de arranque. Estos sistemas de arranque son bastante similares para cualquiera de los tres grupos antes mencionados.

A pesar de ello, a causa de la dificultad de extracción y al costo asociado con la operación de corte de las rocas, la explotación de canteras es el método de explotación a Cielo Abierto *más costoso.* Este es un método de *pequeña escala*, altamente selectivo y con baja productividad.

La cantera se dispone apropiadamente con relación a los distintos juegos de fracturación, la seda y la topografía de manera de lograr la mayor recuperación posible, para lo cual será necesario contar con gran experiencia en el arte de las canteras y detallados estudios geológicos y estructurales que permitan poder orientar bien la secuencia de arranque y determinar el porcentaje de recuperación de bloques.

En terreno llano, la apertura del primer frente se efectúa por la realización de un corte "a través" del ancho de la cantera. Este corte se materializa por la cortadura o canalización del un bloque principal de aproximadamente 1,2 m de ancho, 3,6 m de profundidad y de hasta 9,1 m de largo. Una vez que se extrae el bloque, puede cortarse una faja principal transversal a la cantera, la que establece el primer corte. Fig. 5.

Cuando los cortes se han realizado a lo largo y ancho de la cantera, entonces debe establecerse un nuevo nivel de trabajo por extracción de otro bloque principal.

De esta manera tenemos dos frentes libres de producción desde donde se pueden cortar y extraer fácilmente los bloques del tamaño deseado. En laderas el primer corte permite la extracción de una cuña de material y a su vez la formación incipiente de un banco para la producción de sucesivos bloques. Cuando se obtenga un piso suficiente para trabajar en el banco, podrá comenzar un nuevo banco de producción.

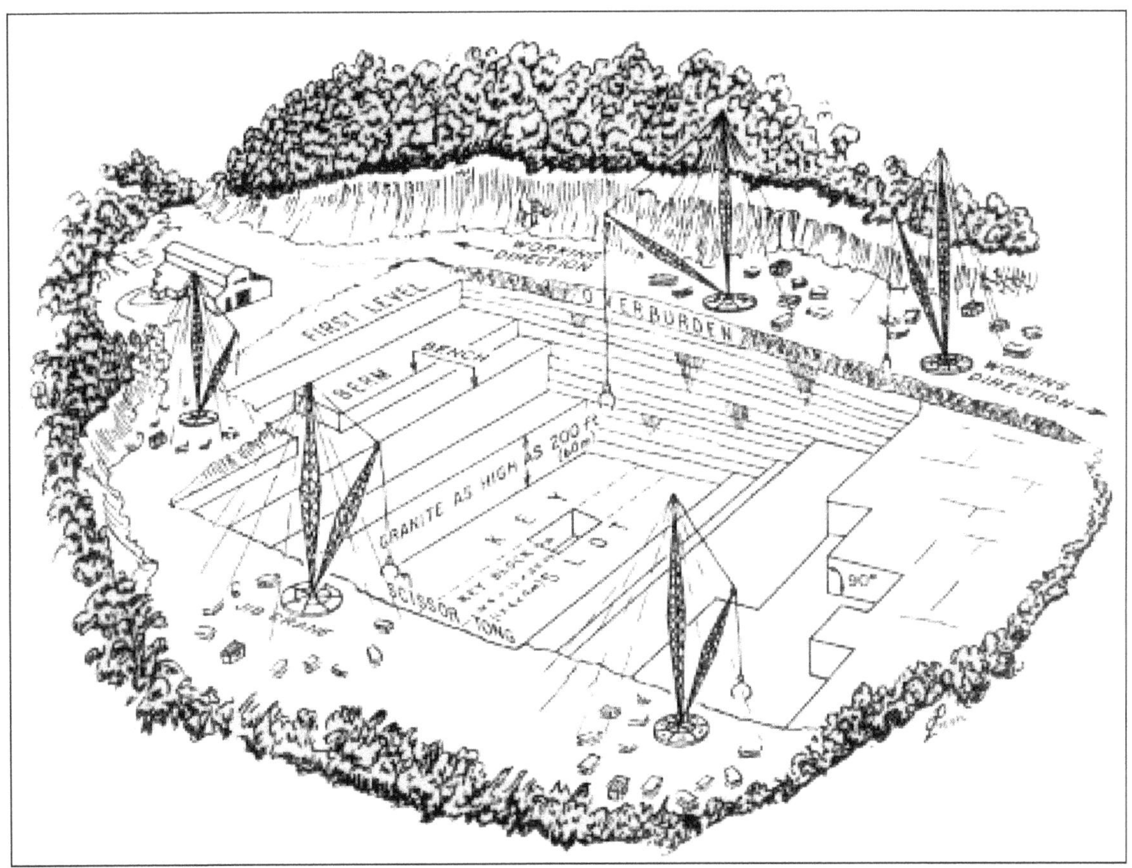

Figura 5. Diagrama de operaciones en la explotación de rocas ornamentales (Hartman, 1985)

Por las dimensiones del bloque principal se deduce que la altura ideal de los frentes será de alrededor de 4 metros pero pueden planificarse frentes de gran altura (mayores de 10 metros) si los posicionamientos espaciales de las diaclasas lo permiten.

La cantidad de niveles quedará definida fundamentalmente por las necesidades de producción del proyecto. Para cumplir con una mayor producción será necesario incrementar en forma adecuada el número de frentes de trabajo.

En general los yacimientos de la provincia de La Rioja son aflorantes y cuentan con una topografía adecuada para la preparación de los distintos frentes de trabajo, destacándose que, las que se encuentran actualmente en producción, son canteras incipientes o de escaso desarrollo.

Las dimensiones de los bloques dependerán del estado de diaclasamiento y fracturación del macizo rocoso, resultando conveniente la obtención de bloques primarios de tamaños lo más grande posible, y proceder posteriormente a la subdivisión de los mismos, hasta un tamaño adecuado para el manipuleo en el taller de corte y aserrado. Este es el ***Sistema Finlandés*** para el arranque de los bloques, tal como se muestra en la Fig. 6.

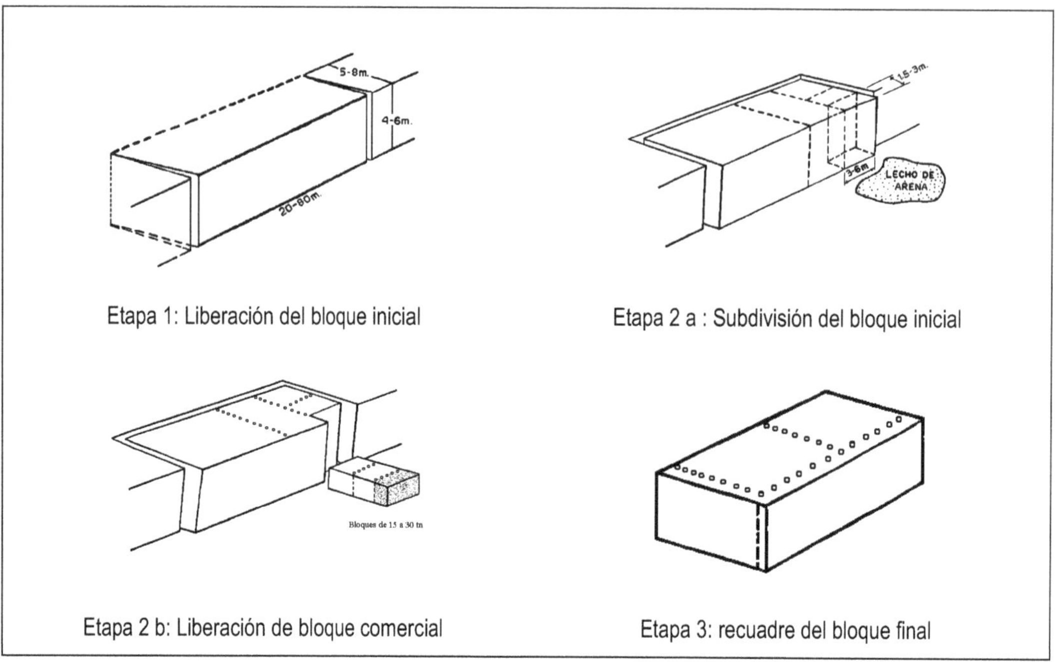

Figura 6 : Fases en el corte de los bloques. (Catálogo TAMROCK)

De esta manera se proporcionan mejoras a la recuperación y también se obtienen mejores precios cuando los bloques son el producto comerciable de la cantera, resultando mejor cotizados los de mayor tamaño, el más escuadrado y los que posean mejor terminación de las caras, pues estos factores redundarán en un mejor rendimiento de los tratamientos posteriores con una menor producción de residuos.

Las dimensiones siguientes corresponden a la gama de bloques vendibles:

- Longitud .... 1,90 - 3,30 m
- Ancho .... 1,00 - 1,50 m
- Alto .... 0,90 - 1,20 - 1,30 m
- Volumen .... 2,00 - 6,00 m^3
- Peso .... 10 - 20 - 30 t

Para lograr la producción de bloques en los distintos niveles, deben realizarse una serie de operaciones fundamentales que en orden de ocurrencia son las siguientes:

a) Arranque de bloques.

b) Desprendimiento y volteo de los bloques.

c) Movimiento de los bloques.

d) Recuadre de bloques.

e) Carga de los bloques.

1.7.1. Sistemas de arranque. (Metodología propuesta por Urbina)

Para la *selección del sistema de arranque, y con ello de los equipos de corte* se deberán tener en cuenta los factores geomecánicos de la roca como la resistencia a la compresión, dureza, tenacidad, porosidad, etc. y de factores mineralógicos como la abrasividad, tamaño del grano, decrepitabilidad, oxidación, etc.

Las diferentes técnicas de corte que se utilizan son aquellas que producen menores costos y mejores superficies en las caras de los bloques, pudiendo existir varios sistemas dentro de una misma explotación. Las técnicas o sistemas que más se utilizan en la actualidad son los siguientes:

1) Perforación de barrenos.

2) Hilo helicoidal y diamantado.

3) Rozadora de brazo.

4) Disco de corte.

5) Lanza térmica.

6) Chorro de agua.

1.7.1.1. Corte con perforación.

El arranque de rocas de aplicación por medio de la perforación de barrenos es el método tradicional, por el cual se realizan perforaciones muy próximas y paralelas de pequeño diámetro según el plano de los barrenos. Estos son utilizados para producir el corte por la utilización de cuñas de distintos tipos, o por la acción de explosivos (pólvora o cordón detonante). La separación de los bloques se realiza según el método finlandés antes descripto.

Este método de arranque se utiliza fundamentalmente en rocas de mayor dureza y abrasividad, como son el grupo de los granitos. La utilización de los explosivos provoca roturas en el material extraído y lo que es más grave fisuras y microfisuras en el banco, por lo que esta técnica no es recomendable.

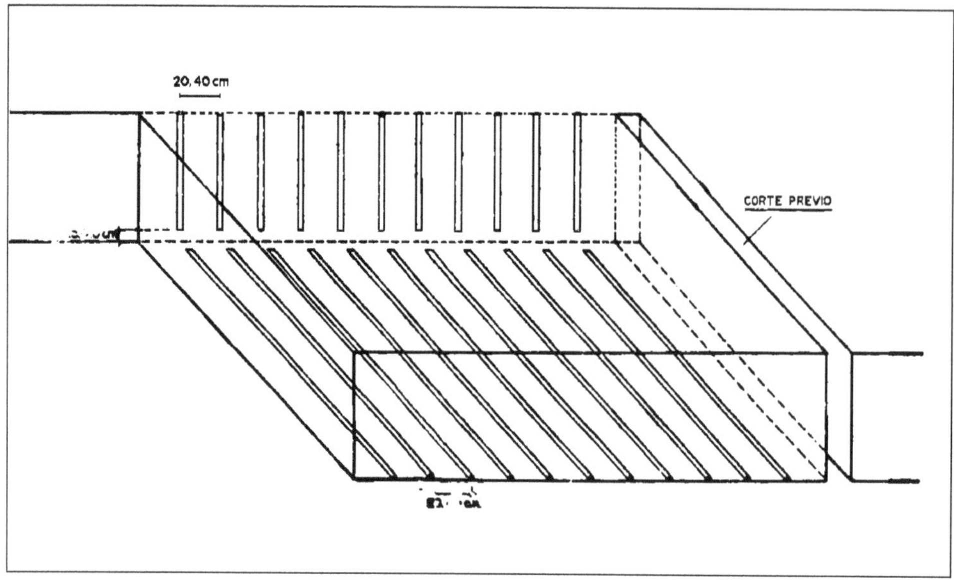

Figura 7: Esquema de corte con perforación. (Urbina 1994)

Los taladros se perforan con una separación de entre 10 y 30 centímetros según la resistencia a la fragmentación de la roca y se pueden cargar todos cuando la separación es mayor o salteados cuando es menor. Las perforaciones se realizan con equipos diversos, neumáticos o hidráulicos, manuales o montados, y los diámetros son generalmente pequeños, entre 29 y 32 mm. La figura 7 muestra un esquema de arranque mediante la perforación de barrenos paralelos.

Figura 8. Tractor de perforación hidráulica con guia **(Catálogo TAMROCK)**

Figura 9. Bloques de una cantera de Punta de los llanos obtenidos por perforación.

La perforación hidráulica, con dos, tres o más martillos montados en paralelo y accionados por un solo operador proporcionan mayor productividad, menor consumo de energía y mejoras laborales y ambientales debido a la disminución de los ruidos y el polvo, como así también un mayor paralelismo entre los barrenos. La figura 8 muestra una operación de perforación hidráulica de barrenos.

Es de importancia vital el paralelismo entre los barrenos como también la alineación de los mismos, pues esto contribuirá a una mejor superficie de rotura, con menores pérdidas.

Una vez aislado el bloque se procede a su extracción de la cantera mediante los equipos de extracción y transporte. La figura 9 muestra un bloque de granito obtenido con el sistema de perforación en una cantera de Punta de los Llanos.

Los bloques finales deberán poseer las dimensiones establecidas para su comercialización. Cuando el escuadrado de las caras sea adecuado podrá ser vendido directamente, pero por el contrario, si no lo es, deberá ser enviado a la playa de recuadre, con el objeto de cumplir con las exigencias del mercado. El mejor acabado en las caras del bloque final dependen del correcto alineado de la perforación, como así también de la separación y diámetro de los barrenos.

La rotura entre barrenos también podrá realizarse mediante cuñas. Las cuñas pueden ser metálicas mecánicas o hidráulicas. Las cuñas se colocan en los taladros y se golpean manualmente con masas dando un avance similar a cada uno. Fig. 10 y 11. Las hidráulicas son más eficientes.

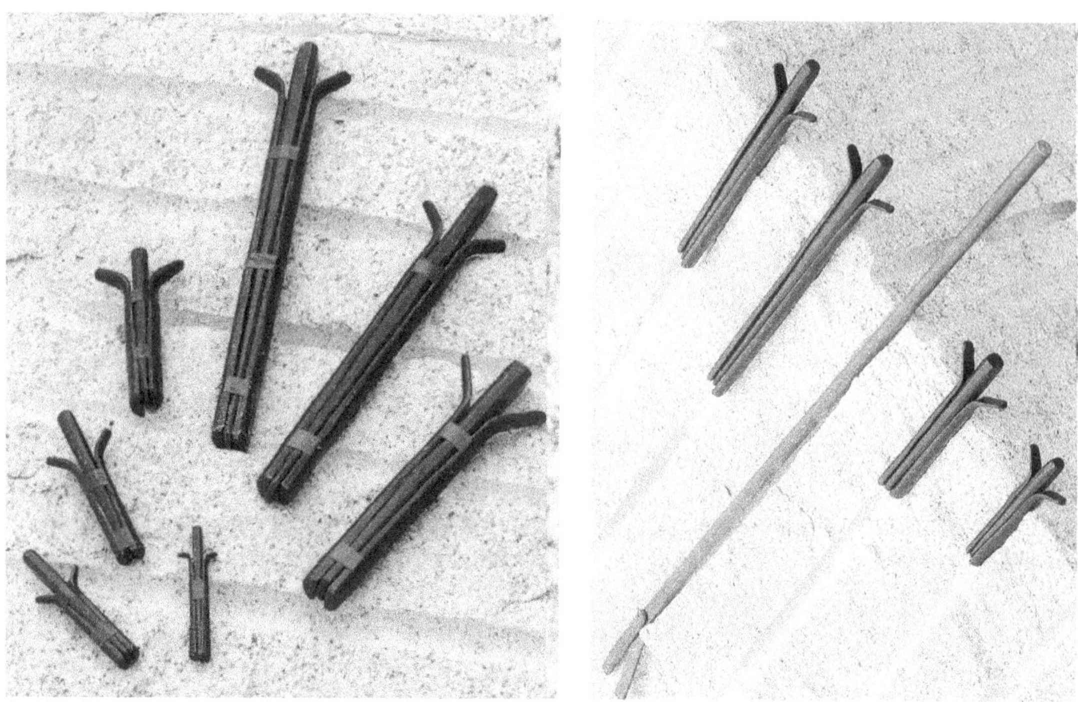

Figura 10, Juegos de cuñas expansoras mecánicas (Catalogo Quarries Group)

Figura 11: Separación de bloques por cuñas manuales (Hartman, 1985)

1.7.1.2. Corte con hilo.

El sistema de corte con hilo es aplicable a la extracción de rocas de dureza media a baja, como los mármoles y los travertinos. La secuencia de arranque de los bloques con este sistema es similar al método anterior, es decir se procede a la liberación de un bloque inicial de mayor tamaño y posteriormente se procede a la subdivisión del mismo para obtener un bloque de tamaño comercial.

Este sistema de corte permite un mejor aprovechamiento de la roca, debido a que se obtienen caras de bloques mas lisas y paralelas por lo que la producción de detritus es menor y también se elimina la operación de escuadrado necesarias en la etapa anterior. Además se disminuyen grandemente las pérdidas durante la etapa del aserrado en los telares.

Por el contrario esta técnica tiene rendimientos y productividades más bajas, razón por la cual las tareas de subdivisión posteriores se realizan generalmente con otros métodos más eficientes.

a- Hilo Helicoidal.

El sistema de corte con equipo de hilo helicoidal es un sistema de corte mecanizado, que permite la liberación de grandes bloques. Con este sistema el plano de corte se puede disponer en cualquier orientación y se pueden realizar varios cortes simultáneos (generalmente verticales y horizontales). La Figura 12 muestra un esquema general de ubicación de un equipo de corte con hilo helicoidal.

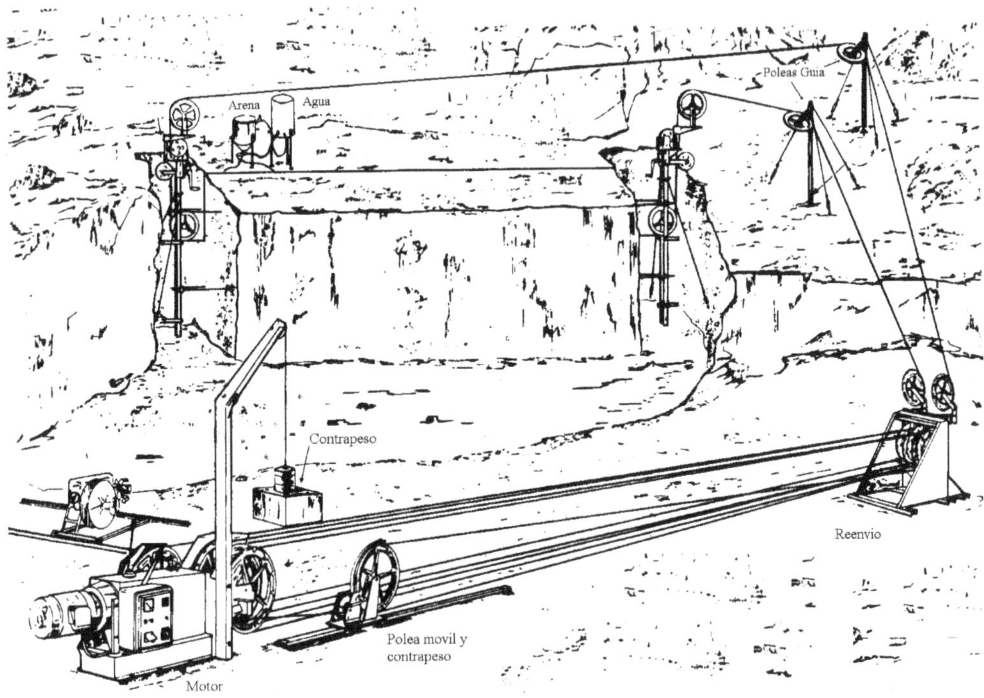

Figura 12: Esquema de Equipo para Corte con Hilo helicoidal. (Catálogo Pellegrini)

El material abrasivo, conducido por el cable de acero, produce el corte por fricción y se alimenta por vía acuosa a la entrada del hilo y esta compuesto por arena silícea o granalla de carburo de silicio. La arena de cuarzo es el abrasivo mas utilizado y debe ser tamizada bien homogénea con un tamaño inferior a 2 mm (0,5 a 1 mm).

La dirección del corte es descendente y tiene una velocidad de entre 1 a 3 cm/h. La operación comienza por la construcción de un taladro de 200 a 250 mm de diámetro para el pasaje del cable.

Lo operación de corte produce un desgaste del cable de acero el cual va disminuyendo su diámetro a medida que progresa la operación. Por ello la longitud del mismo se debe calcular de manera tal que alcance para realizar los cortes planificados en su totalidad ya que en caso de ser necesario su reemplazo no será posible debido a su mayor diámetro.

Con este sistema de corte para la obtención de un bloque de material es necesario cumplir con una serie de etapas de forma similar a las realizadas con el método de perforación. Esto incluye la realización de cortes iniciales de apertura, en forma de V o de U, que cumplen la función de cueles y que permiten la instalación del equipo de cortes con hilo, tal como se observa en la figura 12.

b- Hilo Diamantado.

El sistema de corte con hilo diamantado es un sistema similar al del hilo helicoidal pero más ágil y versátil que requiere menores longitudes de cable con rendimientos de corte muy superiores, sin variar la calidad de acabado del corte. También se pueden realizar cortes verticales, inclinados, horizontales y de superficie.

El hilo de corte es un cable de acero inoxidable de 5 mm de diámetro, que lleva engarzados, a modo de perlas en un collar, unos insertos diamantados de forma cilíndrica, con separadores, resortes o tubos plásticos, prensacables y uniones. Las cantidad de perlas es variable, entre 28 y 40 por metro, según la dureza de la roca. Fig. 13.

a) Hilos Diamantados

b) Perlas diamantadas

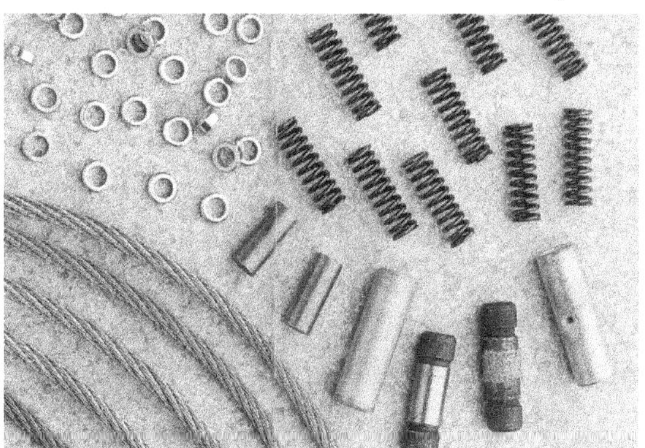

c) separadores, resortes y tubos plásticos

Figura 13: Esquema de Equipo para Corte con Hilo helicoidal (Catalogo Quarries Group)

El equipo está compuesto por un grupo motor eléctrico de 30 a 50 CV que acciona directamente una polea de 800 a 1000 mm de diámetro. El equipo va montado sobre un bastidor que se desplaza sobre carriles. El accionamiento se realiza con sistemas de control automáticos electrónicos de arranque, velocidad y tensión del cable, de paradas por roturas, freno del cable o final de carrera, etc. Figura 14.-

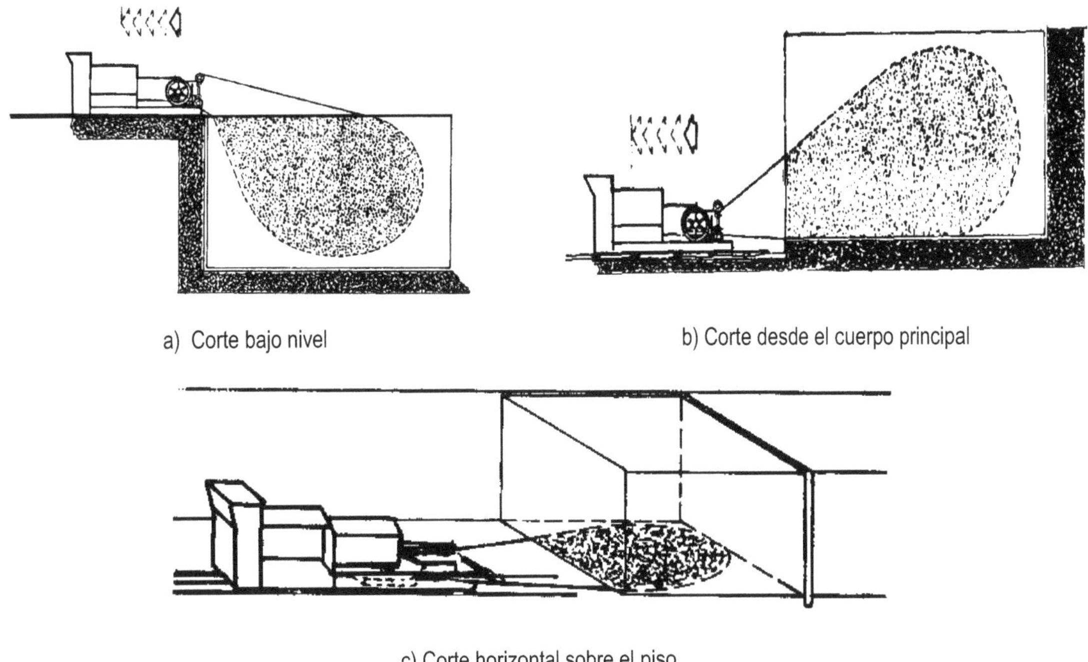

a) Corte bajo nivel

b) Corte desde el cuerpo principal

c) Corte horizontal sobre el piso

Figura 14. Tipos de corte con Hilo diamantado. (Catalogo Pellegrini)

Actualmente se está aplicando el cable diamantado en el corte de los granitos, especialmente en aquellos de menor contenido de cuarzo, pero su utilización todavía no se ha generalizado por razones económicas.

1.7.1.3. Corte con rozadora de brazo.

Este método se aplica en macizos rocosos de dureza media a baja y con bajos contenidos de cuarzo lo que redundará un una mayor vida útil de la herramienta de corte. Cuando las rocas son duras y abrasivas, es decir con un contenido de sílice alto, la duración de la herramienta de corte se reduce y los costos unitarios de arranque se elevan considerablemente.

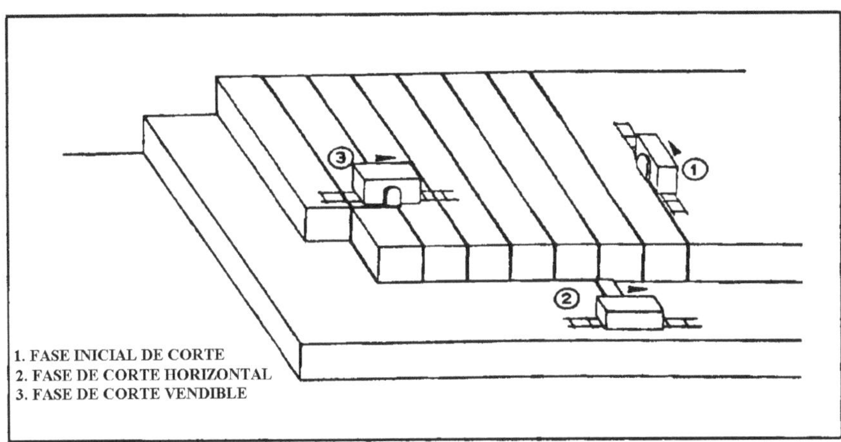

Figura 15: Esquema de corte con rozadora de brazo. (Urbina 1994)

Este sistema altamente mecanizado es aplicable con alturas de bancos reducidas y la posibilidad de utilización dependerá de la existencia y orientación de las discontinuidades naturales como así también por el requerimiento del tamaño de los bloques vendibles. Con este sistema se obtienen directamente los bloques finales, por lo que se eliminan las sucesivas etapas de subdivisión subsiguientes necesarias en los sistemas anteriores. La figura 15 muestra un esquema general de corte con rozadora.

La rozadora consta básicamente de un brazo móvil y orientable de accionamiento electro-hidráulico, sobre el que se desplaza una cadena provista de picas como elemento de desgaste y de corte, todo el conjunto se desplaza sobre carriles en la dirección del corte. El brazo es orientable para realizar cortes horizontales y verticales con una profundidad de 1,3 a 6 metros. Fig. 16 y 17.

Las picas son de materiales duros, como carburo de tunsteno (vidia) o matrices diamantadas para materiales mas duros, que se pueden reemplazar en el lugar. Realizan un corte de unos 4 centímetros de espesor y se obtienen bloques con las dimensiones finales para su comercialización.

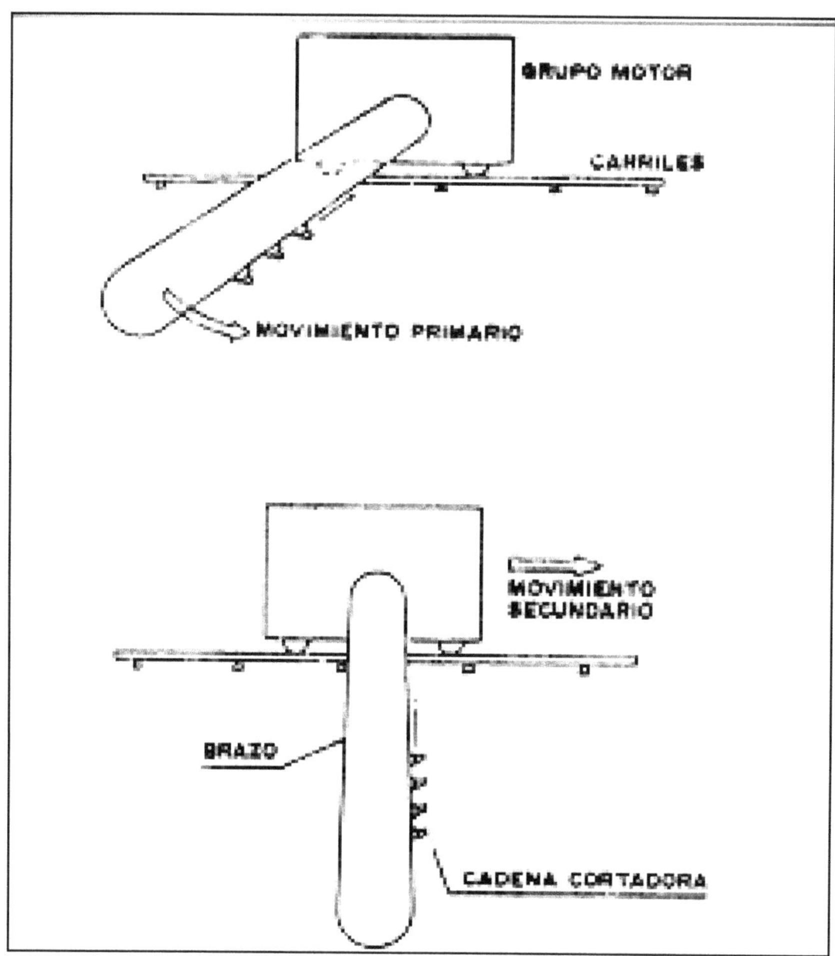

Figura 16: Esquema de la rozadora y sus movimientos. (Urbina 1994)

El desarrollo de este sistema, inicialmente ligado a la minería del carbón y sales potásicas, se ha logrado gracias a una mejora en las técnicas de penetración de las rocas y a nuevos materiales utilizados en las herramientas de corte. En la actualidad tiene posibilidades de aplicación no solo en las canteras a cielo abierto sino también en explotaciones subterráneas de cámaras y pilares.

Figura 17, Cortes con rozadora (Catalogo Fantini)

La utilización de este sistema de corte es mas común en talleres que en canteras. Se espera en el futuro una mayor utilización es estas previo una adecuado estudio de los materiales para decidir su utilización.

1.7.1.4. Corte con disco.

Al igual que con el sistema anterior, con este se obtiene desde el comienzo, los bloques finales eliminándose las sucesivas etapas de división y acabado subsiguientes, pero tiene el inconveniente de presentar grandes limitaciones de aplicación por la reducida profundidad del corte y la necesidad de grandes superficies para realizar cortes largos y menos cambios del equipo. Por ello es utilizado más frecuentemente en los talleres de aserrado que en las canteras. Fig. 18.-

El mercado ofrece algunos equipos que realizan 2 o 3 corte simultáneamente con un solo operador, con lo que se obtiene una mayor productividad.

El equipo consiste básicamente en un disco giratorio con el borde exterior de acero diamantado montado sobre un carretón móvil desplazable que se mueve paralelamente, sobre carriles.

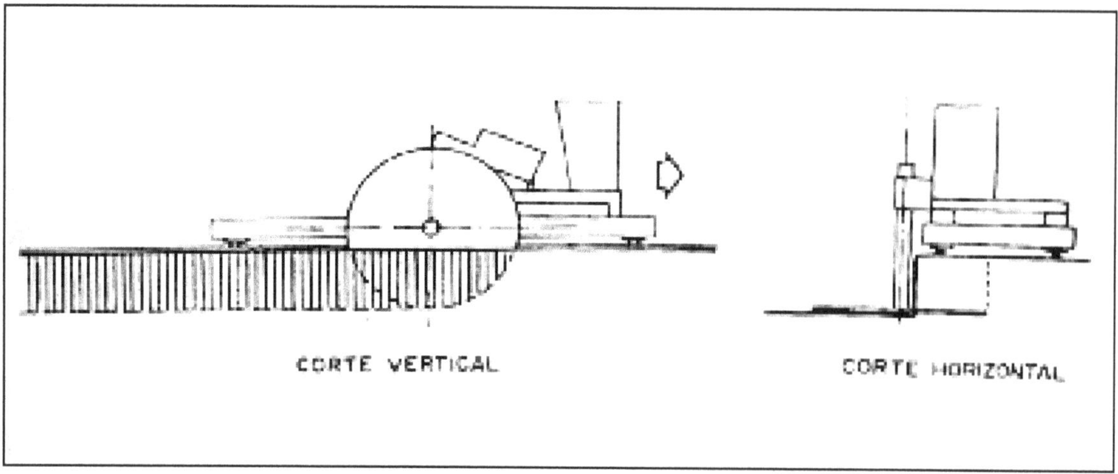

Figura 18: Corte con disco diamantado. (Urbina 1994)

1.7.1.5. Corte con lanza térmica.

Este sistema es aplicable únicamente en rocas de origen ígneo (granitos, dioritas, etc.) con elevados contenidos de cuarzo con hábito cristalino en operaciones primarias y complementarias como la ejecución de cortes iniciadores, sobre materiales que tengan características de decrepitabilidad, por salto térmico, (calentamiento y enfriamiento sucesivos).

El sistema consiste de una lanza de longitud variable de acuerdo con la zona a cortar por cuyo interior circulan combustible, oxigeno y agua a traves de conductos separados que desembocan en una tobera o cámara donde se producirá la combustión. Fig. 19.

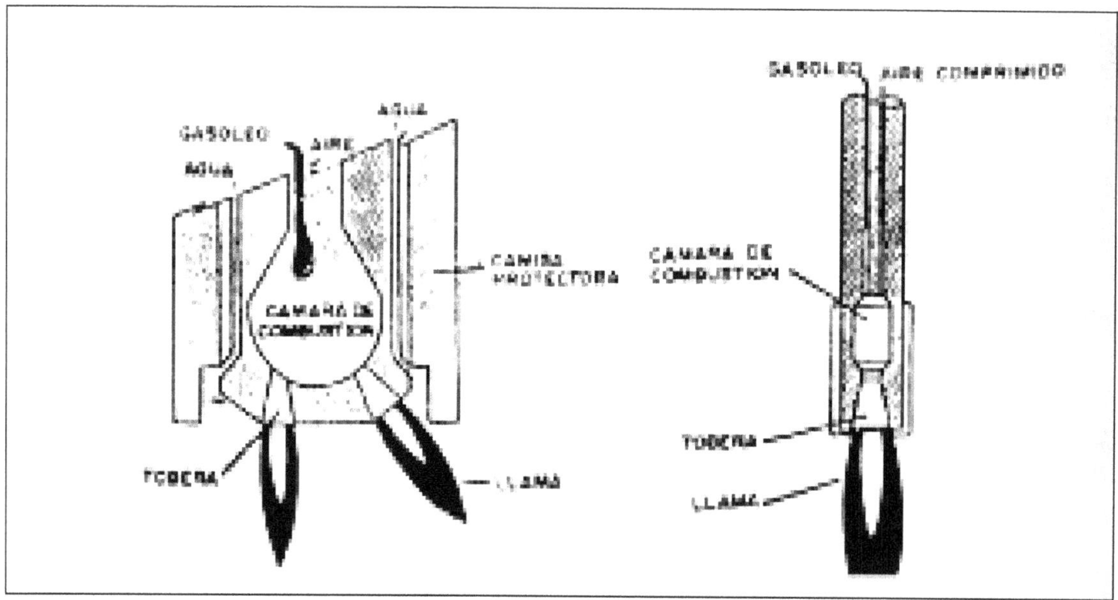

Figura 19: Esquema de boquilla del corte con llama. (Urbina 1994)

La llama sale de la tobera a velocidades supersónicas, produciendo el calentamiento y luego se produce el enfriamiento por el chorro de agua lo que ocasiona un fuerte contraste térmico que provoca la fracturación por decrepitación.

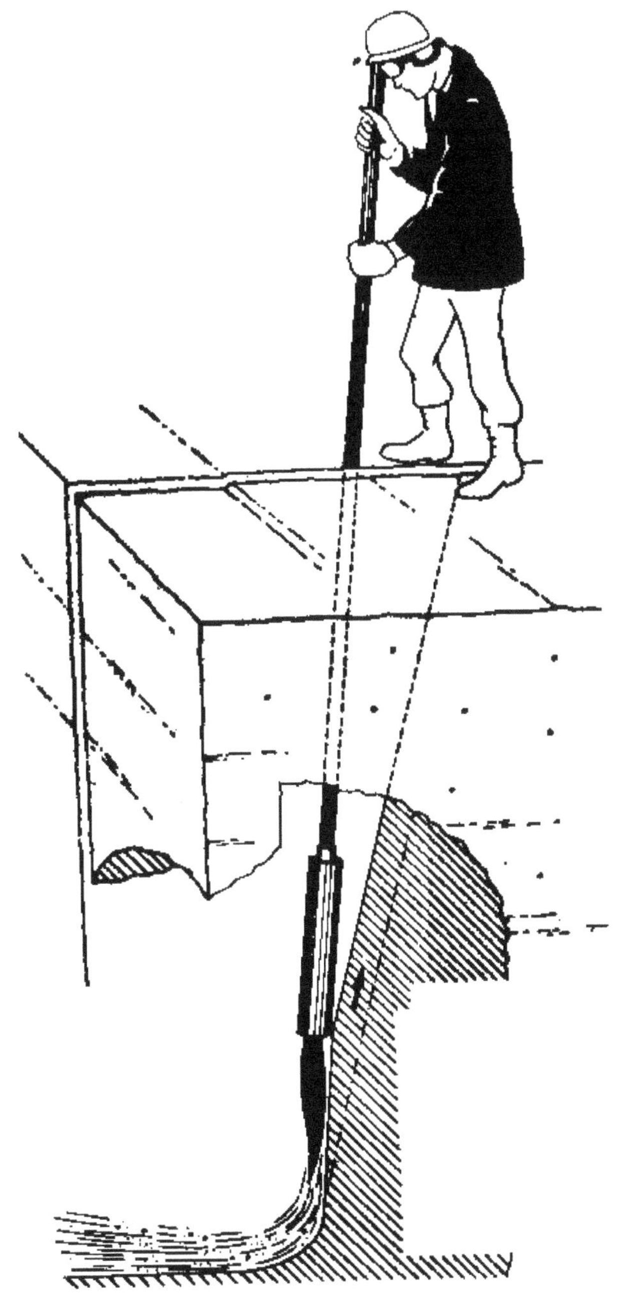

Figura 20: Corte de granito con Lanza Térmica (Catalogo Pellegrini)

La roza térmica, que se utiliza en la fase primaria de independización de bloques del macizo, produce un corte de un ancho que puede ser variable pero que es del orden de 60 a 80 mm, y posteriormente son necesarias subdivisiones con algunos de los métodos anteriores. Fig. 20 y 21.

Este método tiene dos desventajas importantes: una desde el punto de vista del medio ambiente es el elevado nivel de ruido (120 dB) que afecta el ambiente de trabajo y desde el punto de vista tecnológoco que las caras de los bloques quedan afectadas por fisuras y vitrificación indeseables en profundidades variables que produce grandes pérdidas.

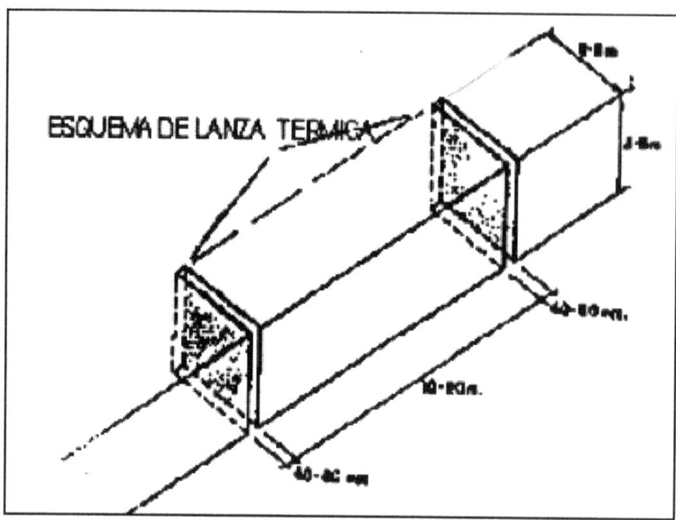

Figura 21: Esquema de zonas de cortes con Flama Jet.

1.7.1.6. Corte con Chorro de Agua.

Este sistema de corte que utiliza un chorro de agua a gran velocidad y presión requiere el desarrollo de equipos hidráulicos de potencia adecuada. El equipo consiste de una pequeña central hidráulica acoplada a una bomba hidráulica de alta presión, que a su vez acciona un pistón intensificador de doble efecto que impulsa el fluido a través de una boquilla inyectora de zafiro sintético con diámetros de 0,1 y 1 mm. Fig. 22.

El mecanismo de rotura de la roca se produce por el choque finísimo del chorro de agua, cuya presión, alcanzada con un intensificador de presión, supera la resistencia a la compresión de la mayoría de las rocas.

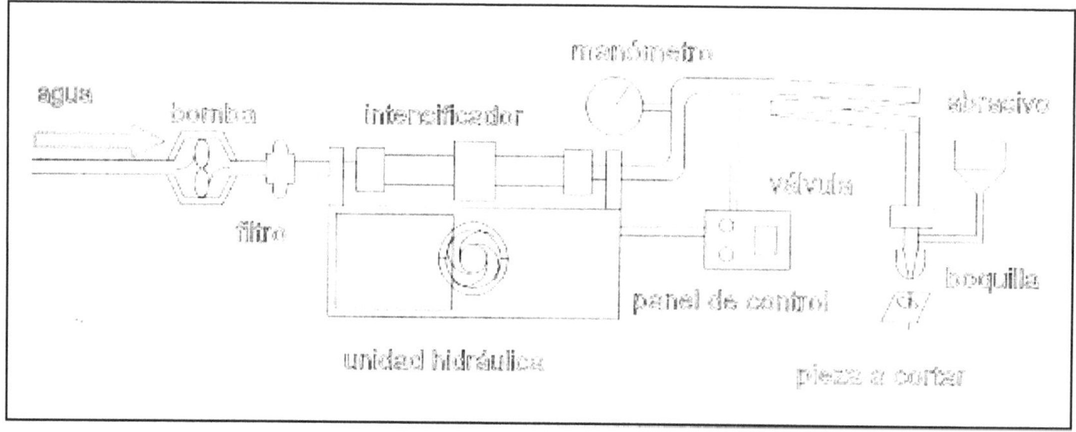

Figura 22: Diagrama del sistema de corte con chorro de agua. (Urbina 1994)

1.7.2. Desprendimiento y volteo.

Una vez realizados los cortes de los bloques por alguno de los métodos anteriores, es necesario proceder a su desprendimiento y volteo según las direcciones planificadas, para lo cual se pueden utilizar varias alternativas.

Figura 23. Expansores hidráulicos. (Catalogo Pellegrini)

Una de ellas es la utilización de expansores hidráulicos cuya capacidad de empuje total es de 300 tn. Fig. 23. En canteras de gran producción se utiliza la cargadora con brazo hidráulico y un gancho en su extremo que se coloca en el corte para lograr el volteo. En otros casos esta operación se logra por la utilización de un malacate de tiro con una slinga y el mismo tipo de gancho.

1.7.3. Movimiento de los bloques desprendidos.

Los bloques que se encuentran en el frente de producción deben ser retirados para continuar con la producción de nuevos bloques. Generalmente se los transporta a la playa de recuadre.

El traslado de los bloques se puede realizar por la utilización de malacates o palas cargadoras. La utilización de estas últimas resulta más conveniente por su gran versatilidad para el acarreos de los bloques y además permite realizar otras operaciones como son la limpieza de los frentes de trabajo y la construcción y mantenimiento de los accesos. Fig. 24.

Otro equipo que se puede utilizar para el movimiento de los bloques es la grúa derricks, pero su utilización es más adecuada para canteras cuyo desarrollo preponderante es en profundidad, pues su desplazamiento en sentido horizontal es limitado a unos pocos metros. Este equipo se utiliza donde las palas cargadoras no tienen acceso a los frentes de trabajo.

Figura 24. Movimiento de bloques con pala cargadora. (Catálogo TAMROCK)

1.7.4. Recuadre de los bloques.

Ubicado el bloque en la playa de recuadre se procede a observar detalladamente las roturas que pudiera presentar como así también inyecciones o manchas de cuarzo u otras posibles irregularidades.

Luego se determinan los paralelepípedos rectangulares más perfectos y de mayor tamaño que se puedan obtener, basándose en las medidas de los telares. Para ello se perfora la cara a recuadrar, teniendo en cuenta que el barrenado ha de ser coplanar, paralelo y de igual separación. Luego se procede a separar la cara utilizando cuñas que se golpean lenta y armoniosamente o utilizando cordón detonante de 5 mg. Con el resto de las caras se procede de la misma manera.

1.7.5. Carga de los bloques.

Los bloques recuadrados deben transportarse a la planta de subdivisión y aserrado para ser enviados a los centros de consumo para lo cual el medio de transporte generalmente utilizado son los camiones. Para la carga sobre estos vehículos se utilizan grúas y/o palas cargadoras. Con las primeras la carga se realiza directamente en forma muy rápida y segura. Con las palas es necesario la construcción de plataformas de igual altura del camión donde deben colocarse los bloques y luego desplazarlos hasta el camión con la utilización de rolos, siendo este método muy antiguo, rudimentario, poco eficiente y seguro.

1.8. Plantas de elaboracion

En las plantas de elaboración de rocas hormanentales se realizan todas las operaciones necesarias para, partiendo de los bloques de mármoles o granitos provenientes de la cantera o playas de recuadre, obtener las planchas y o piezas requeridas para satisfacer las necesidades del mercado. Figura 25.

Estos materiales ingresaran a la planta en grandes bloques de forma de paralelepípedo de aproximadamente de 7 a 17 toneladas cada uno. De acuerdo a sus características tales como dureza, abrasividad, estratificación fragilidad diaclasamiento, textura y composición, será el tratamiento empleado y el producto final obtenido.

Figura 25. Vista de una planta típica de elaboración.

Los productos obtenidos, se denominan generalmente placas o planchas y losetas o baldosas. Los tamaños de baldosas usualmente demandados, son 60 x 60; 40 x 60; 40 x 40; 30 x 60; 30,5 x 30,5; 15, 5 x 30,5 y 25 x 25 y grosores que varían entre 9 y 20 milímetros.

Las placas en cambio son de dimensiones mayores, no sobrepasando 1,8 a 2,00 metros de ancho y de grosor mínimo de 15 milímetros.

Para trabajar un bloque y obtener estos productos finales existen dos formas de procesamientos: 1) por medio de telares con flejes de acero y 2) mediante cortabloques provistos con discos diamantados.

Los telares múltiples es el medio de corte más ampliamente utilizado independientemente del tipo de material a tratar debido fundamentalmente a su mayor rendimiento y a los costos de producción más bajos.

Para el caso del corte de los mármoles, los discos diamantados, poseen una mayor velocidad de corte y mayor calidad final

1.8.1. Corte con telares.

Generalmente el primer contacto del bloque es con esta máquina, Obteniéndose un numero determinado de placas. Estos telares son capaces de procesar bloques de hasta 30 metros cúbicos.

Los telares poseen un bastidor en el que están montados los flejes cortantes. Este bastidor esta accionado por una biela excéntrica que le proporciona un movimiento de vaivén que junto con las granallas de acero o fundición mezcladas con agua y cal vertidas sobre el bloque producen el aserrado.

Una vez que las placas y baldosas se extraen del telar se realizan otras operaciones para el acabado tales como el pulido, flameado, abujardado, etc.

Las principales partes de un telar son: La armadura que es una estructura muy robustas fijada a una base de hormigón armado. El telar o marco portaflejes sustentado por la armadura y constituido por una estructura rectangular de acero de alta resistencia, que debe ser calculada para soportar tensiones superiores a las 400 tn. uniformemente repartidas.

Los cabezales del telar mantienen firmemente tensionados a los flejes que pude llegar a ser hasta 120 como máximo. Se debe controlar la deformación de estos debido a los grandes esfuerzos de flexión que sufren que pueden afectar al paralelismo entre ellos fundamental parta la obtención de placas uniformes.

Otros elementos importantes a tener en cuenta son las bielas que pueden ser, largas o cortas, los flejes, que son cintas planas de acero laminado de gran resistencia a la tracción, etc.

1.8.1ª. Fluido abrasivo

Esta está formada por agua, granallas abrasivas en una cantidad variable entre 100 y 250 gramos por litro, cal en cantidad entre 10 y 50 gr/litro, y fragmentos de granitos y otras piedras de granulometría variable.

Bombas y circuito de mezcla: la bomba es el equipo necesario para hacer circular la mezcla en cada telar, el tipo de bomba es una sumergible de eje vertical instalada en un pozo de recogida del material.

Lamas diamantadas: para el aserrado de los bloques de mármoles generalmente se utilizan lamas diamantadas, similar a los discos diamantados. Que proporcionan ventajas operativas, como son mayor velocidad de corte, mayor rendimiento, mejores superficies de aserrado, etc. La utilización de este sistema en el aserrado de bloques de granitos no está muy difundida debido a los elevados cortes, si bien se están logrando importantes avances.

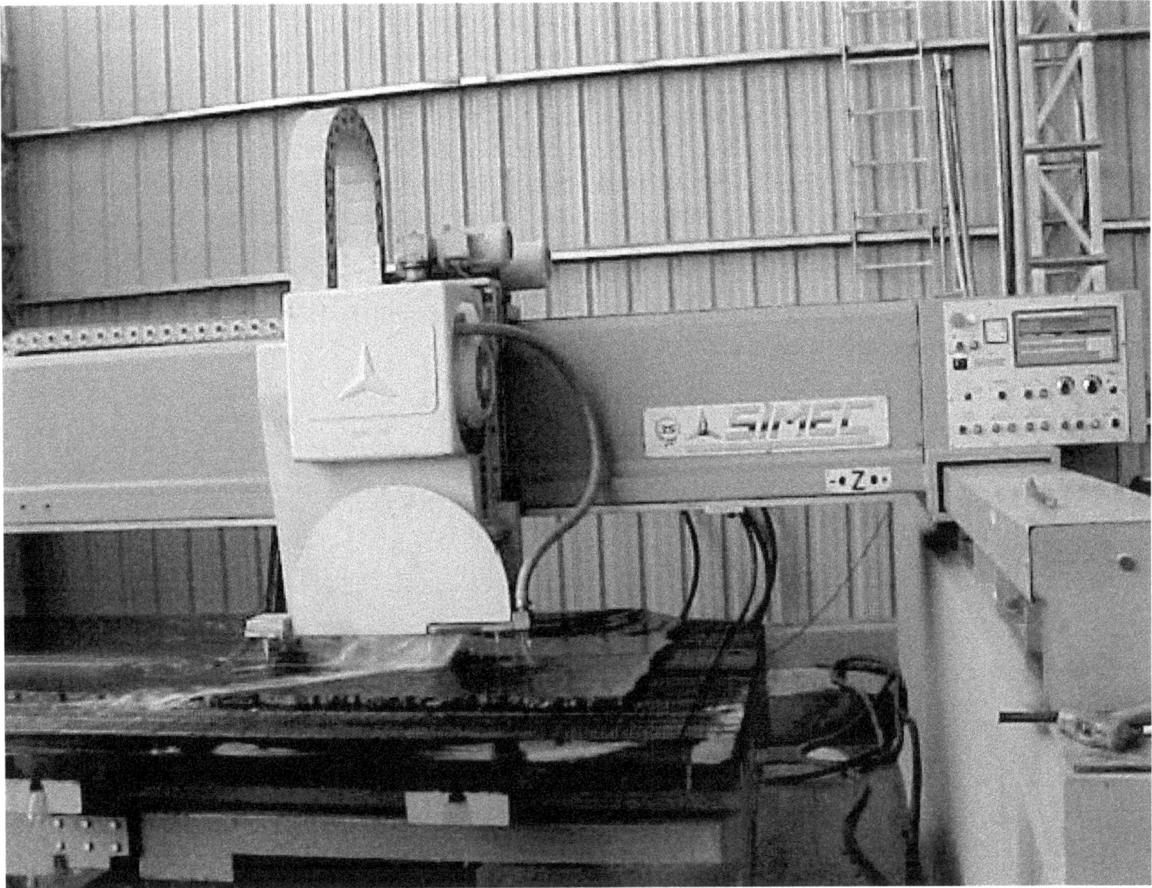

Figura 26. Disco diamantado para el corte de placas

1.8.2. Aserrado con cortabloque.

Son máquinas que están limitadas al corte de rocas de dureza media y planchas con anchura que no superan los 60' centímetros, se adapta muy bien a bloque de forma irregular donde resulta inadecuado utilizar el telar.

Se pueden realizar corte tan profundos en función del diámetro del disco en sucesivas pasada de aproximadamente 5 cm cada una. Se pueden utilizar entre 3 y 12 discos verticales en paralelo y puede realizar cortes en ambos sentidos. Debido a que se pueden utilizar un disco horizontal acoplado pon el vertical nos permiten obtener baldosas cuyos lados paralelos puede llegar a tener un tercia del diámetro del disco vertical.

Otros elementos que se utilizan en el aserrado con cortabloques, son las desdobladores utilizadas en la elaboración del mármol, disco de diamantes para optimización del corte.

1.8.3. Elaboración de placas y baldosas

El producto obtenido tanto del telar como del cortabloque son placas o losetas en bruto, las que para llegar al mercado se deben someter a operaciones de acabado, pulido y abrillantado, obteniéndose así superficies planas y lisa y el aspecto brillante que caracteriza a estos productos.

Las pulidoras son máquinas que poseen uno o más brazos articulados. Sobre cada brazo se aplican las diferentes cabezas pulidoras. En el extremo libre de cada brazo lleva la palanca de mando y el eje porta herramienta donde se coloca el disco abrasivo. Las articulaciones de los brazos van montadas sobre cojinetes a fin de permitir maniobras suaves en diferentes direcciones. El número de cabezas varia entre 8 y 12 para materiales blandos (mármoles) y de 12 a 36 para los granitos.

Para subdivisión de las placas en baldosas de distintos tamaños se utilizan cortadoras con discos diamantado como la que se observa en la figura 26.

2

Recopilacion Ensayos Normalizados

2.1. Introduccion

El mercado internacional de rocas de aplicación, al igual que otros, exige un producto estandarizado, con calidad definida. En este caso, por tratarse de materiales naturales resulta un poco más complicado concretar una tipificación. No obstante, la realización de ensayos normalizados es la condición necesaria y suficiente para acceder al mercado internacional.

Las normas para estos ensayos son IRAM (Instituto Argentino de Racionalización de Materiales) y las internacionales UNE.

2.2. Ensayos según normas IRAM.

Norma I.R.A.M 10 608

Octubre 1985
CDU 624.121:550.832.2
*** C F A 00,00**
MECÁNICA DE ROCAS

2.2.1. Determinación del índice de resistencia a la carga puntual

Este método se ha extraído de la Norma IRAM 10.608 de Octubre 1985. Mecánica de Rocas.-

Objeto:

Este ensayo tiende a brindar un procedimiento simple para la clasificación en campaña de materiales rocosos.

Resumen:

Los testigos de perforación o trozos irregulares de rocas son rotos por la aplicación mediante un par de arietes terminados en platinas cónicas, de una carga concentrada obteniendo así un índice de resistencia a la carga porcentual Is(so) que puede utilizarse para caracterizar la resistencia de la roca.

Instrumentos:

Equipo para determinar la resistencia de rocas: consistirá en un sistema de cargas y dos dispositivos de medida, uno para medir la presión y el otro para medir distancia entre los puntos de contacto de las platinas.

Procedimiento:

Reconocimiento y selección: sobre la base del reconocimiento tacto-visual preliminar, se clasifican los grupos de rocas de citología y resistencia presumiblemente uniforme seleccionando luego, de cada grupo, muestras suficientes para ensayos a efectuar.

Condiciones de ensayos: La probeta se ensaya en condiciones naturales de humedad temperatura, para una mejor clasificación las muestras deben almacenarse en cámaras reguladas a 20º C de humedad relativa durante un período de 5 d. y 8 d. previos al ensayo.

Testigo de perforación: Los cilindros o testigos de perforación extraídos mediante sondas rotativas del interior de un macizo rocoso son las muestras más adecuadas para su clasificación precisa, ensayándose según sus generatrices opuestas o según su eje longitudinal.

El número de pruebas a realizar depende de las disponibilidades de la roca siendo aconsejable para cada tipo de rotura un mínimo de 10 ensayos.

Ensayo Diametral: Los testigos a utilizar deben cumplir una relación longitud/diámetro mayor 1,4.

Ensayo Axil: Los testigos a utilizar deben cumplir una relación longitud/diámetro 1,1.

Probetas de forma irregular: Se seleccionará para el ensayo un mínimo de 20 trozos de aproximadamente 50 mm. de longitud, cuya relación longitud mayor/ longitud menor esté comprendido entre 1,0 y 1,4 ; se pulen empleando cualquiera de las técnicas convenientes y se coloca cada trozo en el bastidor de carga.

Rocas anisótropas: En las rocas que muestran esquistosidad, estratificación o cualquier otro signo de anisotropía, los ensayos deber realizarse en dirección normal y paralela a los planos de debilidad obtenido y doble juego de valores.

Cálculo:

El índice de resistencia a la carga puntual Is se calcula de la forma siguiente:

$$Is = \frac{P}{D^2}$$

donde:

Is = resistencia a la carga puntual en Mp

P = carga aplicada en Newton

D = distancia entre platinas en metros

Para la clasificación se usa el Is (50) que surge del valor Is obtenido experimentalmente y corregido para un diámetro de referencia de 50 mm. Aplicando el gráfico de corrección.

Norma IRAM 10606

Mayo 1991

CDU 62412

GNA MISC

MECÁNICA DE ROCAS

2.2.2. Determinación de la durabilidad por humedecimiento y secado.

Objeto:

Establecer un método para la determinación de la durabilidad por humedecimiento y secado.

Instrumental:

a) Tambor de ensayo
b) Recipiente o artesa para albergar el tambor de ensayo, soportado por un eje horizontal que posibilite su libre rotación.
c) Motor con dispositivo para hacer girar el tambor.
d) Estufa con termo regulador capaz de mantener la temperatura de 105° C + So C.
e) Balanza para determinar la maza del tambor con la muestra.

Procedimiento:

Se secciona como mínimo 10 fragmentos de la muestra a ensayar que posean entre 40, 60 g. cada uno, para alcanzar una masa total de 550 gr.

El tamaño máximo de grano de mineral de la roca a ensayar es de 3 mm.

Se coloca la muestra en el tambor limpio y tasado, se tapa y se seca a temperatura 105° G hasta obtener una masa constante. Luego se coloca el tambor en el dispositivo de giro durante un período de 10 min. a 200 vueltas; Se retira el tambor y se lo lleva a la estufa a 105° C hasta masa constante, se deja enfriar, se pesa anotando la masa MS 1.

Se repite el ciclo para obtener la masa MS2.

Cálculo:

Se calcula la durabilidad de la muestra al segundo ciclo como porcentaje de la masa inicial con la fórmula siguiente:

$$Id = \frac{MS2 - M}{MS1 - M} \times 100$$

donde:

Id = índice de durabilidad en porcentaje.

MS2 = masa seca luego del 2º ciclo de humedecimiento y secado en Kg.

MS1 = masa seca inicial en kg.

Norma IRAM 10602
Junio 1987
GDU 624.121.431.1
CFA 00,00
MECÁNICA DE ROCAS

2.2.3. Determinación de la densidad y de la porosidad

Objeto:

Establecer métodos de determinación de la densidad y de la porosidad.

Se aplican dos técnicas:

a) Técnica del Calibrador
b) Técnica de la Flotación

Estos métodos son de aplicación en rocas coherentes, no friables, capaces de resistir esfuerzos de corte o pulido y que no sufran procesos de hinchamiento o desintegración al ser sometidas a ciclo de humedecimiento y secado.

Instrumental:

- Estufa
- Desecador
- Calibrador micrométrico
- Equipo de saturación por vacío
- Balanza de capacidad para determinar la masa asegurando el 0,01 g / 100 gr.
- -Recipiente para utilizar como baño de inmersión (utilizado en la técnica de Flotación).
- Canasta de malla de alambre.

Calculos:

Se calcula el volumen de vacíos, la porosidad y la densidad seca, con las fórmulas siguientes:

$$Vv = \frac{M\,sat - M\,s}{\rho H_2O}$$

donde:

Ms = la mas seca en estufa kg

Vv = volumen de vacíos en m3.

Msat = la masa saturada con superficie seca en kg.

$\rho H_2 0$ = densidad del agua del ensayo a temperatura de ensayo kg/m3.

$$n = \frac{100\,Vv}{V.}$$

donde:

n = porosidad en porciento

$$\rho d = \frac{Ms}{V}$$

donde:

ρd = densidad seca kg/m3

V = volumen m3

Ms = la mas seca en estufa kg

$$= \frac{Msat - Msum}{\rho H^2 O}$$

donde:

Msum = la masa saturada con la superficie seca kg.

ρHzO = densidad del agua kg/ m3

Norma IRAM 10601

Setiembre 1986

CDU 624.12: 624:131.431.3

CFA 00,00

MECÁNICA DE ROCAS

2.2.4. Determinación de agua.

Objeto:

Establecer el método de determinación de agua en una roca por secado en estufa.

Instrumental:

- Estufa con termorregulador
- Pesafiltro
- Desecador con desecante
- Balanza

Procedimiento:

Se coloca en el pesafiltro tarado, seco y limpio una porción del material a ensayar, compuesto por un mínimo de 10 trozos, cuya masa individual sea del orden de los 50gr.

Se tapa de inmediato y se determina la masa M1.

Se quita la tapa, se seca a 105a C. a masa constante. Se deja enfriar y se pesa obteniendo M2. El conteniendo de agua se calcula con la fórmula siguiente.

$$H = \frac{(M1 - Mt)i - (M2 - Mt)}{(M2 - Mt)} \times 100$$

Donde:

H = contenido de agua en %.

M1 = la masa de la muestra húmeda con el pesafiltro en gramos.

M2 = la masa de la muestra seca con el pesafiltro en gramos .

Mt = la masa del pesafiltro (tara) en gramos.

2.2.5. Determinación del índice de vacíos por absorción rápida.

Este método se ha extraído de la norma IRAM 10603. Agosto 1987. Mecánica de Rocas.

Objeto:

Este método nos permite determinar el índice de vacíos de una roca por la técnica de absorción rápida, es aplicable para rocas que no sufran pérdida de compacidad o desintegración cuando son sumergidas en agua.

Definición:

El índice de vacíos es el porcentaje de agua contenida en una muestra de roca luego de un período de una hora de inmersión referida a la masa inicial de la roca secado con un desecador.

Instrumental:

- Pesafiltro o contenedor
- Gel de sílice anhidro
- Balanza
- Cepillo o pincel de cerda duro

Procedimiento:

Se seleccionan un mínimo de diez fragmentos representativos de la roca por ensayar.

El tamaño de cada fragmento debe tener una masa de 50 gr. o que su medida supere en más de 10 veces el tamaño o grano más grande.

Se colocan los fragmentos de rocas previamente secados al aire en el contenedor y se recubren con el gel de sílice anhidro y se deja reposar por un período menor de 24 horas.

Después de este período se retira y limpian los fragmentos y se pesan y se determina la más M5.

Se vuelven a colocar los fragmentos en un contenedor limpio y se les agrega agua hasta que queden totalmente sumergidos por un lapso no menor de 1 hora. Se retiran los fragmentos del agua se secan con un trapo para eliminar agua de superficie y se determina la masa saturada Msat.

Cálculo:

Se calcula el "índice de vacíos" con la fórmula siguiente:

$$Iv = \frac{Msat - Ms}{Ms} \times 100$$

donde:

Iv = índice de vacíos en gramos por cien gramos.

Ms = masa de la muestra, secada en un desecador con gel de sílice anhidro , en gramos.

Msat = masa de la muestra saturada a superficie seca, en gramos.

2.2.6. Determinación de la deformación lineal por hinchamiento.

Este método es extraído de la Norma IRAM 10605 Diciembre 1988.

Objeto:

Establecer el método de determinación lineal por hinchamiento de una probeta inalterada de roca confinada radialmente con una sobrecarga constante, cuando se la sumerge en agua.

Instrumental:

Edómetro consistente en:

a) Anillo rígido de metal pulido

b) Placas permeables

c) Discos de papel de filtro

d) Celda para alojar conjunto anillo, muestra y placas permeables.

e) Aparato de carga (gato hidráulico).

f) Extensómetro de dial con lectura y soporte montarlo en la celda y registrar el desplazamiento vertical en el eje longitudinal de la probeta.

Preparación de la probeta: Deben prepararse dos probetas representativas una para la determinación del contenido de agua y otra para el ensayo de hinchamiento.

Las probetas deben cumplir las condiciones siguientes:

a) Su diámetro debe ser mayor que 2,5 veces su espesor.

b) Su espesor debe ser mayor que 15 mm. o 10 veces la medida mayor del grano más grande.

Ensayo:

Se arma el Edómetro con la muestra, se mide el espesor de la probeta a precisión 0,1 % y se aplica una presión axil de 3KPa. Se llena la celda con agua hasta cubrir la placa permeable superior manteniendo la carga constante. Se anotan las deformaciones en los tiempos: 30 seg. -1,2,4,8,15,30 min.- lh. 8h y 24 horas.

El ensayo se interrumpe cuando la deformación alcanza valores constantes.

Cálculo:

Se calcula la deformación del hinchamiento con la fórmula siguiente.

$$E\,exp = \frac{d \times 100}{L}$$

donde:

E exp = deformación por hinchamiento en %

d = desplazamiento máximo registrado durante el ensayo en MM.

L = espesor inicial de la probeta en mm.

Método determinación de la presión de hinchamiento a volumen constante.

Este método se ha extraído de la norma IRAM 10604 Octubre 1987. Mecánica de Roca.

Objeto:

Medir la presión necesaria para impedir el hinchamiento de una muestra inalterada de roca, cuando se la sumerge en agua manteniendo su volumen constante.

Instrumental:

Edómetro consistente en:

- anillo rígido
- piedras porosas
- discos papel filtro
- celda para alojar conjunto anillo muestra piedras porosas
- dispositivo de carga (gato hidráulico)
- bastidor de carga y dinamómetro
- Extensómetro de dial.

Preparación de la probeta:

Se preparan dos probetas una para la determinación del contenido de agua y la otra para el ensayo de hinchamiento, debiendo cumplir las siguientes condiciones siguientes:

- su diámetro debe ser mayor que 2,5 veces su altura.
- su altura debe ser mayor que los 15 mm. o 10 veces la medida mayor del grano más grande, lo que resulte mayor.

Procedimiento:

Se arma el Edómetro con la muestra, se ajusta el Extensómetro y se le aplica a la probeta una presión axil del orden de los l 0K*p*a.

Se inunda la celda hasta cubrir la probeta a volumen constante, se anotan los esfuerzos que va registrando al aro dinamométrico en los tiempos siguientes: 30 seg. ;1-2-4-8-15 y 30 min.; lh; 2h; 4h; 8h; y 24h.

Se suspende el ensayo hasta que se estabilicen las lecturas.

Calculos:

La presión por hinchamiento se calcula con la fórmula.

$$Pexp = \frac{F}{A}$$

donde:

P = Presión de hinchamiento

F = Fuerza máxima aplicada en newton.

A = Sección de la probeta en metros cuadrados.

2.3. Ensayos según normas UNE.

UNE 22 - 194 - 85

Pizarras Ornamentales

PLACAS Y LOZAS

2.3.1. Resistencia a la compresión

Objeto y campo de aplicación

Esta norma tiene por objeto determinar la resistencia a la compresión de los elementos tabulares de pizarra ornamental (UNE 22-190).

Definición.

Se denomina resistencia a la compresión a la carga máxima por unidad de superficie que es capaz de soportar una probeta hasta que se produzca la rotura, determinada en el ensayo descripto a continuación.

Aparatos empleados

a) Una máquina prensa apta para este ensayo, provista de una rótula de segmento y calibrada de acuerdo con la norma UNE 7-281.

b) Un calibre que aprecie 0,1 mm.

Toma de muestras

El ensayo se efectuará sobre un mínimo de seis probetas de forma cúbica o cilíndrica cuya dimensión lateral (distancia entre dos caras opuestas) sea de 7 cm y la relación de la altura de la probeta a su diámetro o longitud de una cara no debe ser inferior a 1:1. En cada una de las probetas se marcará la dirección de aserrado, mediante dos trazos distanciados 1 cm. En tres de las seis probetas se efectuarán los esfuerzos paralelamente a la dirección de aserrado y en las otras tres, perpendicularmente a dicha dirección.

Procedimiento de laboratorio

Las probetas se sumergen en agua filtrada en laboratorio, a la temperatura de 20 ± 5° C, durante un mínimo de 48 horas.

Posteriormente se someten a cargas crecientes y centradas en las superficies de aplicación hasta que rompan, procediendo a hacer la lectura de la carga en el momento de rotura. La velocidad de aplicación de la carga será de 0,49 a 0,98 Mpa/s.

Obtencion de los resultados

La resistencia a la compresión expresada en megapascales, se obtendrá aplicando la fórmula siguiente:

Esfuerzo de compresión:

$$T = \frac{G}{A} \left[\frac{N}{cm^2}\right] = \frac{1G}{100\ A} \ (Mpa)$$

donde:

G = es la carga máxima que admite la probeta, expresada en Newtons.

A = es el promedio de las áreas de las bases superior e inferior en centímetros cuadrados.

Se debe especificar en cada caso, una vez promediados los resultados de las tres probetas si la resistencia a la compresión es perpendicular o paralela a la dirección de aserrado.

Normas para consulta

UNE 22-175 – Granitos ornamentales. Resistencia a la compresión.

UNE 22-185 – Mármoles y calizas ornamentales. Resistencia a la compresión.

UNE 22 - 191 - 85

Pizarras Ornamentales

PLACAS Y LOZAS

Absorción y Peso Específico Aparente

2.3.2. Absorción y peso aparente

Objeto

Esta norma tiene por objeto describir el procedimiento que debe seguirse para determinar el grado de absorción y el peso especifico aparente de los elementos tabulares de pizarra (placas y lozas) (UNE 22-190)

Definiciones

a) Absorción es la cantidad de agua que absorben las probetas de ensayo expresada en tanto por ciento respecto al volumen de las mismas.

b) Peso especifico aparente es la relación entre el peso de la muestra seca y el volumen desplazado por la probeta embebida en agua, expresada en gramos por centímetro cúbico (g/cm^3)

Probetas

a) Se utilizarán como probetas las placas o losas de pizarra enteras.

b) El ensayo se efectuará sobre un mínimo de cuatro probetas representativas de las pizarras que se desean analizar.

Aparatos necesarios

a) Estufa de secado que pueda mantener una temperatura de 105º ± 2º C.

b) Balanza de precisión con una sensibilidad de 0,1g, que pueda utilizarse como balanza hidrostática.

c) c. Tanque de agua que permita la inmersión completa de las probetas.

Procedimiento operatorio

a) Preparación de las probetas

Las caras de las probetas se cepillarán con un cepillo de cerdas con objeto de eliminar las escamas e impurezas adheridas que presenten.

b) Ejecución de ensayo

c) Se secan las probetas en la estufa a 105º ± 2ºC hasta que en dos pesadas sucesivas, efectuadas con una hora de intervalo, den peso constante, obteniéndose G.

d) Las probetas, una vez secas, se sumergen en agua hasta un tercio de su altura durante 6 horas; después se eleva el nivel de agua hasta dos tercios de su altura y se mantienen así durante 18 horas; pasado este tiempo se sumergen totalmente durante 48 horas.

e) Permaneciendo sumergidas en el agua se pesan con la balanza hidrostática, con una precisión de ± 0,1 g, obteniéndose el peso G_1.

f) Se retiran las probetas del agua y quitando el agua de la superficie con un trapo, se pesan inmediatamente al aire, con una precisión de 0,1 g, obteniéndose el peso G´.

Resultados

a. Absorción

La absorción o grado de absorción expresada en tanto por ciento se calcula mediante la formula:

$$\text{Absorción} = \frac{G' - G}{G - G_1} \times 100\ (\%)$$

donde:

G = peso de las probetas secas en gramos

G1 = peso de las probetas sumergidas en gramos

G´ = peso de las probetas embebidas en gramos

Los resultados se expresarán con una aproximación del 0,1.

b. Peso específico aparente

El peso específico aparente en gramos por centímetro cúbico (g/cm^3) se calcula mediante la fórmula:

$$\text{Peso Específico Aparente} = \frac{G}{G' - G_1}\ \left(\frac{g}{cm^3}\right)$$

donde:

G = es el peso de las probetas secas en gramos

$G' - G_1$ = es el volumen de las probetas en centímetros cúbicos

Los resultados se expresarán con una aproximación de 0,1.

Normas para consulta

UNE 7-089 – Ensayo de absorción de agua en pizarras para cubiertas.

UNE 7-310 - Densidad aparente de pizarras para cubiertas.

Une 22-196 - Pizarras ornamentales. Placas y losas. Generalidades.

UNE 22 - 192 - 85

Pizarras Ornamentales

PLACAS Y LOZAS

Resistencia al desgaste por rozamiento

2.3.3. Resistencia al desgaste por rozamiento

Objeto y campo de aplicación

Esta norma tiene por objeto determinar la resistencia al desgaste por rozamiento en placas y losas.

Este ensayo se aplicará a la pizarras ornamentales (UNE 22-190), destinadas a losas de pizarra para solado y revestimiento en general.

Definición

Se denomina resistencia al desgaste por rozamiento la que opone la superficie del material cuando es sometida al ensayo, descrito a continuación, que mide el desgaste lineal producido sobre tres caras de dos probetas.

Aparatos

Para la ejecución del ensayo descrito en esta norma serán necesarios los aparatos siguientes:

1) Maquina de tipo especial, apta para este ensayo y que reunirá las características siguientes:
   a) Dispondrá de una pista de rozamiento de radio mínimo interior de 25 cm y de radio mínimo exterior de 40 cm capaz de girar a una velocidad mínima relativa de 1 m/s, referida al centro de la probeta.
   b) Constará de dos portaprobetas, solidarios a sendos ejes deslizantes y diametralmente opuestos sobre el bastidor, que estarán centrados sobre la circunferencia media de la pista de rozamiento.
   c) Poseerá un dispositivo mediante el cual se pueda comprimir la probeta con una presión de 0,0588Mpa.
   d) Tendrá otros dispositivos que permitan verter abrasivo y agua en las superficies de rozamiento.
   e) Dispondrá, asimismo, de un contador de vueltas.
2) Balanza hidrostática
3) Balanza de precisión con una sensibilidad de 0,01 g
4) Calibre que aprecie 0,1 mm
5) Abrasivo de carborundum cuyos granos estén comprendidos entre un tamiz 0,33 y otro tamiz 0,63, UNE 7-050.

Toma de muestras

El ensayo se efectuará sobre un mínimo de dos probetas cúbicas de 7 cm de arista, con una tolerancia del ± 5%

Procedimiento operatorio

En cada probeta se determinará el volumen inicial por el método de la balanza hidrostática (UNE 22-191)

Posteriormente se determina la superficie a desgastar midiendo con un calibre las dos dimensiones de la cara, de forma que cada dimensión viene dada por la media de los valores en los extremos y en el centro de las aristas de la cara.

Seguidamente se colocan las probetas en los portas y se cargan a razón de 0,0588 Mpa respecto a la superficie de la cara a desgastar.

Finalmente, se pone la máquina en marcha y se va vertiendo abrasivo de carborundum, en una cantidad de 1 g/cm^2 de la superficie de la mayor cara de las sometidas al desgaste, así como 12 gotas de agua por minuto. Se someten las probetas a un recorrido de 1000 m, sacándolas posteriormente de la máquina y limpiándolas cuidadosamente.

Terminado el desgaste por una de las caras, se repite el ensayo sucesivamente por cada una de las otras que formen triedro con la anterior.

Obtención de los resultados

Después del desgaste de cada probeta, se determinará nuevamente su volumen por el método de la balanza hidrostática expresándose los resultados de la siguiente forma:

$$D = \frac{Vi - Vf}{A} = \text{Desgaste lineal (milímetros)}$$

donde:

Vi = volumen inicial, en milímetros cúbicos

Vf = el volumen final en milímetros cúbicos.

A = la superficie de las caras de las probetas en contacto, milímetros cuadrados.

Se tomará como resultado definitivo la media aritmética de los desgastes lineales de cada una de las dos probetas con un error inferior a 0,1 mm.

Normas para consulta

UNE 7-0145 – Desgaste por rozamiento en baldosas y baldosines de cemento.

UNE 7-050 – Cedazos y tamices de ensayos.

UNE 7-069 – Desgaste por rozamiento en adoquines de piedra.

UNE 22-190 – Pizarras ornamentales. Placas y losas. Absorción y peso específico aparente.

3

Tratamiento de Efluentes y su aprovechamiento

3.1. Introduccion

La industria de las rocas de aplicación, enfrenta dos problemas de importancia desde el punto de vista medioambiental, uno relacionado con los residuos de las plantas de procesamiento, fundamentalmente en las operaciones de corte y pulido, y los estériles rocosos originados en las operaciones de extracción de bloques.

Los primeros están constituidos por partículas finas de la roca elaborada y de algunos agentes extraños como cal, cemento, granallas, diamantes industriales provenientes de discos de corte, aceites de los sistemas hidráulicos de los accionamientos (generalmente cuando presentan defectos o desgastes causados por deficiencias en el mantenimiento).

Los estériles rocosos constituyen lo que se denomina las escombreras de mina y no serán abordados en este capitulo. No obstante es importante mencionar que constituyen residuos, de granulometría mayor, de volumen considerable (este suele ser entre un 60 y un 90% del volumen de roca extraído) y presentan una gran variedad de tamaños, por lo que para encontrar su futura aplicación sería conveniente realizar una clasificación y caracterización de los mismos.

Los volúmenes de agua utilizados en las tareas de corte y pulido son considerables (aproximadamente 1,5 m^3 por m^2 aserrado), por lo que ha este ítem habrá que darle un tratamiento especial. Esto pone de relieve la importancia que tiene la manipulación de los efluentes resultantes tanto en volumen de líquidos como de lodos y la atención que se le deberá dar al tratamiento de los mismos a fin de lograr el rehuso del agua para refrigeración y /o descargas de líquidos con una mínima carga de contaminantes.

Los efluentes deberán ser evacuados a plantas de tratamiento en la zona de ubicación del establecimiento, cuyo objetivo principal es la recuperación de agua clara para su reutilización y estudiar el destino final de los residuos sólidos en su mayor parte de granulometría muy fina, con el objeto de que su deposición se realice en condiciones de extrema seguridad y sin perjudicar el medio ambiente.

Como alternativa de solución a estos residuos, se plantea la posibilidad de su uso en diferentes industrias, adaptándolos adecuadamente.

3.2. Residuos de elaboración

El material de desecho en las plantas procesadoras se clasifica en tres rangos de tamaño, según la etapa del proceso en que se producen.

Las planchas externas de los bloques, que contienen las mediacañas de los taladros o son la superficie resultante del corte efectuado en cantera, constituyen un material de descarte que en algunos casos puede comercializarse subsidiariamente para terminaciones rústicas de algunas construcciones. Esta práctica no es común ya que genera competencia con los productos mas elaborados y de mayor valor agregado. Generalmente son planchas irregulares, con al menos una superficie lisa rústica, con un espesor variable del orden de los 2cm. Se lo emplea en frentes de casas y como lozas para pisos.

Figura 27. Residuos de elaboración (Planta Palazzi. La Rioja)

El rango de tamaño siguiente contiene 2 subproductos. Uno es el resultado del recuadre de las planchas obtenidas en los telares y que se denominan listones, el otro es el descarte de planchas y material cortado que se rompe en el proceso de corte o pulido y que se denomina escallas. Figura 27.

Los listones presentan un frente regular y plano, como resultado del corte de una plancha, de espesor de esta y además con otras dos superficies planas. La cara posterior generalmente es irregular ya que contiene las mediacañas. El frente del listón puede ser pulido o de terminación rústica, se lo emplea para adorno de frente de viviendas, separadores de lozas en los pisos, etc.

Las escallas, por sus características, se emplean como revestimiento de frentes y pisos, pueden ser rústicas o pulidas. En el caso de los materiales calcáreos se los somete a desgaste y se lo comercializa con la denominación de *cantos rodados.*

El último rango lo constituyen los finos producidos por los distintos tipos de cortes y que son arrastrados por el agua. Figura 28.

Figura 28. Efluente de una planta de aserrado (Planta Palazzi **La Rioja)**

No se han encontrado antecedentes en la República Argentina sobre el aprovechamiento económico de los sólidos contenidos en efluentes producidos por las plantas procesadoras de rocas ornamentales. No obstante, un análisis preliminar indica que resultaría ventajoso y técnicamente factible.

Los sólidos contenidos en los efluentes tienen una granulometría pequeña, la que en otros procesos se logra con costosas etapas de molienda. Su recuperación y venta puede representar una mejora en la rentabilidad del proceso, además de reducir la cantidad de estériles producidos contaminante.

Cada caso requiere un estudio en particular, ya que además de los volúmenes de rocas, influirá la variedad de estas que se cortan y pulen, ya que cada una tiene una composición mineralógica diferente.

En el aserrado de muestras extraídas de las canteras de Mármol de Guandacol (Provincia de La Rioja), se puedo observar que al procesar los trozos extraídos, estos se rompen con facilidad por los planos de fisuras, microfisuras y/o planos de alteración provocados por de agentes externos.

Cabe mencionar que los cortes de escallas de las muestras mencionadas, se las hizo con escalladoras o cortadoras de mármol, equipadas con discos diamantados de 800 mm de diámetro. Se pudo comprobar que el rendimiento de la roca para bloques no es bueno.

Por otro lado el corte mismo genera un detrito, de unos 30 kg. por metro cuadrado producido, con una granulometría comprendida entre 80 a 200 mallas, en una proporción de aproximadamente 20 % 80 mallas y el resto menos 200 mallas.

3.3. Circuitos de lodos.

Los establecimientos industriales deberán ser diseñados de forma tal que se prevean las pendientes mínimas necesarias para lograr una evacuación de lodos y agua , en forma gravitatoria hacia puntos de cota mas bajos de la planta, desde donde podrán ser retomados y enviados a las plantas de tratamiento de efluentes.

Se deberá tener en cuenta la abrasividad de la pulpa a transportar, constituida generalmente de elementos muy agresivos como son las granallas, residuos de cal, finos de granitos, y otros, provenientes de por ejemplo telares de granitos, al momento de seleccionar los materiales (cañerías y accesorios) y equipos de bombeo.

3.4. Tratamiento de lodos.

Los efluentes producidos por la plantas de corte aserrado y pulido, básicamente no presentan contaminación desde el punto de vista de iones o cationes en solución debido a que los pH del agua utilizada en el proceso es neutro, elevándose el mismo por encima de 7 debido a la presencia de cal, agregada en el proceso de aserrado. La contaminación fundamentalmente es la producida por la cantidad de partículas sólidas en suspensión, en forma de lodos o pulpas. Debido a esto el tratamiento de estos efluentes estará dirigido básicamente a una separación Sólido- Líquido. El esquema de la figura 29 muestra la secuencia de las operaciones intervinientes.

Básicamente los lodos desde la planta son colectados en una pileta de donde será retomada y bombeada a los diferentes equipos disponibles para establecer las operaciones de separación sólido-liquido.

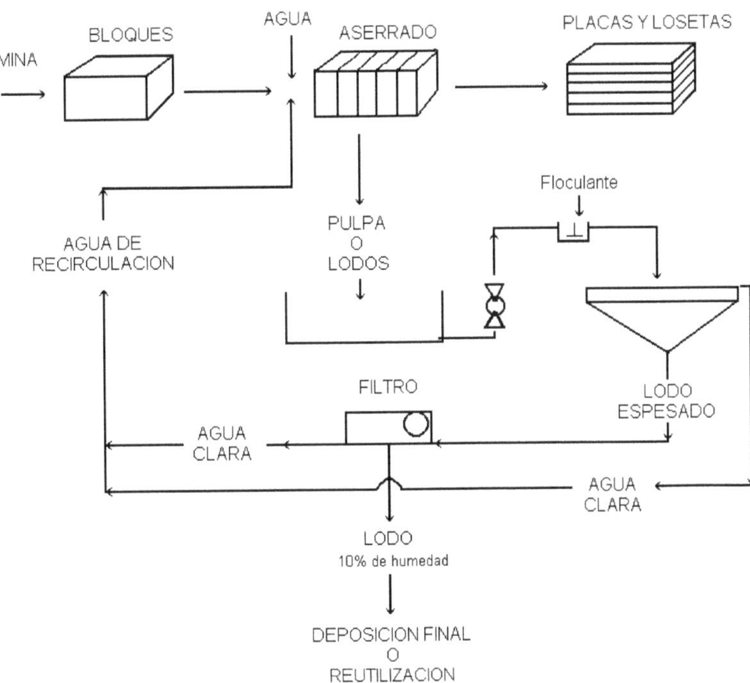

Figura 29. Esquema típico de separación sólido líquido

La utilización de un sistema moderno para la separación sólido - liquido, con la consiguiente recuperación del agua limpia, presenta otras ventajas, tales como, recirculación de aguas del proceso, disponibilidad de los terrenos para su utilización en otros fines que no sea el vertido natural, restauración de las canteras mediante la deposición de los sólidos deshidratados, venta de estos sólidos para otras aplicaciones, etc.

Como se puede observar en el esquema anterior los estudio deberán estar dirigidos a la optimización del proceso de espesamiento y filtrado.

3.5. Equipos y aparatos de separación solido- liquido

La operación de separación sólido – liquido se puede realizar de dos formas: continua o discontinua. En la operación discontinua, los efluentes son tratados en depósitos o piletas de decantación primaria. En este caso los lodos es necesario que permanezcan en reposo un cierto tiempo, a fin de permitir la sedimentación de los sólidos y continuación y sedimentados estos proceder ala separación de los sólidos de los líquidos. Finalmente la pulpa decantada es extraída de la pileta en forma mecánica. Figura 30.

Este tipo de separación es utilizada en operaciones pequeñas y en donde la cantidad de sólidos generados se puede manejar mediante una disposición de 4 a 6 piletas.

En un separador continuo, el líquido y la pulpa espesada son extraídos en forma separada y continua, en función del caudal de la alimentación. Los equipos normalmente utilizados son, espesadores y conos espesadores, que son los más utilizados, ciclones desaguadores, clasificadores espiral (en trabajo de corriente como desaguador).

3.5.1. Depósitos de decantación primaria.

Se denomina así a depósitos o piletas construidas de mampostería u hormigón armado de diversos tamaños y generalmente de forma rectangular, y que son operadas en serie. Estos depósitos de decantación suelen tener poca profundidad, por lo que es necesario trabajar en serie con varios de ellos al mismo tiempo.

Figura 30. Piletas de decantación. Planta palassi

La forma de trabajo es discontinua, ya que cuando un deposito se colmata es necesario proceder a su limpieza dejándolo fuera de servicio.

En el diseño de las mismas se deberá tener en cuenta la velocidad de sedimentación de las partículas a fin de obtener un líquido lo más claro posible por el rebalse de las mismas. Resulta de aplicación la teoría de *Principio del Area.*

3.5.2. Conos espesadores

El cono espesador, es un aparato de forma de cono trabajando en forma invertida, de forma tal que la alimentación se realiza por su base (parte superior) y la descarga por el vértice del mismo ubicado en la parte inferior. Es de operación continua, pero su descarga es intermitente, a medida que se va colmatando el cono con los sólidos depositados en su vértice. La figura 31, muestra lodos espesados.

Figura 31. Descarga de lodos. (Planta Palazzi La Rioja)

La alimentación se realiza, normalmente, mediante bomba. La extracción de los lodos depende del grado de concentración de los mismos y se puede realizar en forma manual o automática, dotándolo en este ultimo caso de un sistema sencillo accionado mediante palanca y contrapeso. Es preciso operar con gran cuidado a fin de evitar las obstrucciones en la descarga sobre todo cuando los sólidos presentan elevado peso específico.

A pesar que se añade floculante para aumentar la velocidad de sedimentación de los sólidos, la eliminación de estos es bastante deficiente para materiales livianos, obteniéndose un líquido clarificado que en muchos casos será evacuado con algunas partículas sólidas, muy finas, en suspensión.

El ángulo del ápex del cono varia de acuerdo al corte hidráulico deseado pudiendo variar entre 60 grados para separaciones gruesas y 40 grados para cortes finos, en función de la forma de escurrir o desplazarse del underflow. Este aparato por su bajo costo y fácil operación es muy recomendable cuando se trata de operaciones pequeñas que no generan grandes volúmenes de efluentes.

3.5.3. Equipos de bombeo

En una planta de procesamiento de minerales se emplean bombas para el movimiento de líquidos y, lo que es más importante, para movimiento el movimiento de pulpas. Estas ultimas son con frecuencia altamente abrasivas y corrosivas, y pueden contener partículas gruesas y altas densidades. Es importante entonces la adecuada selección de las bombas, válvulas y cañerías, en el diseño de una planta. La figura 31 muestra una instalación típica de bombas Las bombas normalmente se clasifican en dos categorías, *Bombas de Desplazamiento Positivo y Bombas Centrífugas.*

I)Bombas de Desplazamiento Positivo:

Estas a su ves se pueden clasificar en :

a) Bombas rotatorias: están limitadas para usarse con líquidos (inclusive aquellos altamente viscosos) y no pueden usarse con sólidos abrasivos. Hay disponibles una gran variedad de ellas, entre las que se cuentan las de engranajes y de tornillos. Una ventaja importante de estas bombas, es su capacidad para descargar a caudales constantes.

b) Bombas Reciprocantes: se emplean extensamente en el bombeo de pulpas cuando se necesita una carga hidráulica grande, como sucede con el transporte de pulpas a grandes distancias, o para bombear aguas de las minas. Pueden clasificarse en tres grupos:

b1) de émbolo de acción directa, en la cual el émbolo está en contacto con la pulpa.

b2) de émbolo de acción indirecta, en la que el émbolo actúa sobre un líquido intermedio que transmite la presión a la pulpa por medio de un diafragma (para minimizar el desgaste ocasionado por la pulpa en el émbolo y en los estoperos).

b3) bomba de diafragma, en la que se activa un diafragma ya sea mecánica o neumáticamente para crear un desplazamiento positivo. En todas estas bombas el flujo es intermitente, todas requieren válvulas de retención trabajando en contacto con la pulpa, y estas pueden requerir de considerable mantenimiento.

II) Bombas Centrífugas:

Son muy usadas en la industria de los minerales. Se obtienen en una amplia gama de capacidades, desde pequeñas hasta mayores de 100 m3/s. Las bombas centrífugas tienen menor eficiencia que las de desplazamiento positivo. Su aplicación es simple, no tienen válvulas y sus costos de inversión inicial y de mantenimiento son bajos.

La bomba centrífuga está formada por un impulsor y una carcasa. Los impulsores de mayor diámetro se emplean con las pulpas para reducir la velocidad de operación, y por lo tanto para minimizar el desgaste. Los conductos de paso por el impulsor y entre el impulsor y la carcasa de voluta, deben ser suficientemente grandes para que pasen las partículas más gruesas y también para evitar velocidades internas excesivas. Es práctica común revestir de caucho tanto el impulsor como la carcasa; el revestimiento normalmente es reemplazable.

Estas bombas se pueden clasificar en Bombas centrífugas de eje horizontal y en bombas centrífugas de eje vertical, estas ultimas son comúnmente usadas en los casos en donde podría producirse cavitación, como es el caso de bombeo desde reservorios por debajo de la cota de piso como es el caso del bombeo de lodos en las plantas de aserrado de rocas ornamentales.

Figura 32. Instalación de bombas. Planta Palazzi La Rioja

3.5.3.1. Diferencia entre una bomba de agua y de pulpa.

Las bombas para pulpa y para agua difieren en las siguientes características:

1) El rotor tiene menos aletas y sus curvas son más acentuadas que en el caso de las bombas de agua. Esto se debe a la exigencia de bombear partículas sólidas, además debido a la abrasión se recomienda el uso de aletas más robustas y con perfil más suave, por la posibilidad de que existan partículas gruesas entre las caras de las aletas, dejándose estas en menor número, para que quede más espacio entre las mismas. Eventualmente, el rotor puede estar abierto para permitir el libre pasaje de estas partículas mayores.
2) Las partes en contacto con la pulpa son revestidas de material resistente al desgaste. Los dos materiales más tradicionales son el Ni-hard, hierro fundido aleado con Ni y el caucho natural. El criterio básico de selección entre dos materiales es que el caucho puede ser cortado por las partículas gruesas y angulosas, presentes en el material bombeado.
3) La carcasa de la bomba es bi-partida para poder ser abierta, de modo de permitir la desobstrucción, la limpieza, manutención, cambio de revestimientos, rotor, con rapidez y facilidad. Esto trae como desventaja una limitación en la presión que es posible obtener en el bombeo, limitada resistencia mecánica en los tornillos que ajustan la carcasa.
4) La relación diámetro rotor - largo de la carcasa son limitadas, pues rotores grandes implican velocidades periféricas muy altas y consecuentemente, un elevado desgaste del rotor.

En consecuencia de los factores antes citados, la eficiencia de las bombas de pulpa es mucho menor que las bombas de agua de dimensiones semejantes, así como la presión alcanzada será más baja.

Las bombas de pulpa, por lo general trabajan sumergidas. Sin embargo en el bombeo de agua limpia, no se debe desestimar la posibilidad de ocurrencia del fenómeno de cavitación; aunque la bomba esté sumergida, puede ocurrir la cavitación, dependiendo del nivel de pulpa en el reservorio.

3.5.3.2. Tipos de Revestimientos

Los revestimientos internos de los rotores de las bombas, son construidos con los siguientes materiales:

Acero al manganeso: (austeníticos) para resistir la abrasión por impactos de alta y media intensidad. Estos aceros endurecen superficialmente cuando reciben impactos, la tecnología de fundición es perfectamente conocida y sus técnicas de soldadura. Es el caso típico de las bombas para terrenos de aluvión aurífero.

Hierro fundido suave: (15% cr. y 3% MO) y Ni-hard de alta dureza, son usados en aplicaciones donde predomina el desgaste por impactos de media y baja intensidad o por tensiones elevadas entre la partícula y la superficie. Son materiales duros y tenaces. Un uso típico es el bombeo de arenas.

Hierro fundido suave y Ni-hard de alta dureza: (550 a 700 Brinnel) son usados para resistir el desgaste a la abrasión.

Caucho natural y gomas sintéticas: son ampliamente utilizados, el caucho natural tiene una limitación, que es no resistir a los solventes orgánicos y a los aceites, condición en que se sustituye por neoprene. Otras gomas son el hypalón y el caucho nitrílico. Hay una velocidad crítica arriba de la cual las partículas comienzan a cortar el caucho; en consecuencia los rotores revestidos con cauchos trabajan a velocidades bajas.

Montaje de una Bomba - Caja de Bomba - Diferentes Tipos de Sellos y Estopaduras.

En el montaje típico de una bomba y su caja, se puede observar, que el motor está montado en un anaquel, y éste se apoya en el eje del rotor y está ligado a este mediante poleas y correas en V. Las razones para preferir este montaje son, para potencias menores:

- Levantar el motor en caso de salpicaduras de agua o inundaciones.
- En caso de sobrecarga, la correa patina o la misma se rompe, sin afectar al motor.
- En caso de bombas de agua se dispone de una familia de rotores de diámetros diferentes, que permiten escoger el diámetro más adecuado, según los requerimientos de operación. Con las bombas de pulpa esto no ocurre, el ajuste tiene que ser hecho a través de la regulación de la rotación. Variando las condiciones de operación, la nueva regulación es obtenida cambiando las poleas y así la velocidad del rotor.
- Conforme el rotor de la bomba va siendo desgastado por la acción abrasiva de los sólidos en suspensión, su velocidad puede ser alterada mediante el cambio de la polea, esto es, la disminución del diámetro del rotor es compensada, dentro de ciertos límites, por el aumento de la rotación de la bomba.

Con potencias mayores, este tipo de montaje deja de ser conveniente, por causa del esfuerzo aplicado en el eje de la bomba.

La bomba esta unida a la caja por una pieza llamada carretel. Es un pedazo de tubo con bridas en sus dos extremidades. Cuando hay necesidad de abrir la bomba, los acoplamientos, tanto de la bomba como el de la caja de bomba son soltados y el carretel es retirado, dando lugar a un espacio suficiente para que la carcasa bipartida sea abierta.

Las bombas de pulpa tienen un sello hidráulico, pues, dentro de la carcasa existe pulpa abrasiva bajo presión. Esta pulpa tiende a salir por todas los espacios posibles, por ejemplo, por la salida de la impulsión, formado por un pequeño espacio anular alrededor del eje o el orificio por donde entra la pulpa a la bomba. En las bombas de agua, este efecto es minimizado colocándose un fieltro empapado en grasa, que reduce el pasaje de líquido a un mínimo aceptable. En el bombeo de pulpas, esto no es suficiente, pues al pasar las partículas sólidas por ahí, causarían un desgaste abrasivo enorme.

La solución encontrada es usar sellos hidráulicos, es decir, agua bajo presión es inyectada entre el eje y la carcasa, impidiendo la salida del agua y las partículas sólidas. Esta agua bajo presión, puede provocar que la pulpa se diluya, lo que debe ser controlado, pues la dilución es una variable crítica del proceso.

Cuando no puede haber dilución, y si la presión dentro de la bomba no es muy elevada, se puede utilizar una variación del sello hidráulico, el sello centrífugo, el rotor tiene en su cara posterior aletas que empujan el agua para fuera de la bomba, impidiendo que esa agua se ponga en contacto con la pulpa que esta siendo bombeada.

El conjunto esta fijo al suelo por medio de bases capaces de absorber las vibraciones. En aplicaciones especiales pueden ser usadas juntas flexibles para amortiguar las vibraciones.

Las bombas y sus cajas son generalmente instaladas sobre el piso inferior de la planta de modo de no derramar la pulpa sobre ningún equipamiento o personas. El piso debe tener canaletas de drenaje con la inclinación suficiente para permitir la remoción de los sólidos acumulados.

La bomba no tiene, obligatoriamente, que contener la vertical en el sentido ascendente. Ella puede ser montada del modo que sea conveniente, de acuerdo con la ubicación de la cañería.

3.5.3.3. Cañerías y Accesorios

Las cañerías son de hierro fundido o acero, con bridas o con acoplamiento rápido. Otros materiales están empezando a utilizarse, de acuerdo a las características y velocidad de transporte de la pulpa, tales como, fibra de vidrio, plástico, y tubos revestidos internamente.

Como el desgaste es una consideración muy importante dentro del proyecto, los caños deben ser especificados con el sobre espesor necesario, correspondiente al desgaste previsto para la vida útil de la cañería. Este desgaste, se da principalmente en la parte inferior del tubo. Para distribuir este desgaste, se acostumbra a girarlo a 90° en forma periódica.

Se evitan los codos por causa de desgaste acentuado en ese lugar. Una de las soluciones es el uso del diseño en forma de pipa. En las prolongaciones del tubo se depositan partículas que protegen del desgaste. La pipa, tiene acoples, de modo que si se produce obstrucción pueden soltarse y evacuar la pulpa

La práctica aconseja, instalar cañerías horizontales y verticales. Cuando el bombeo se interrumpe, los sólidos sedimentan inmediatamente en las cañerías horizontales quedando libre la parte superior de la misma, sedimentando en la parte inferior las partículas. Cuando comienza nuevamente el movimiento del flujo, la turbulencia se encarga de colocar los sólidos en suspensión nuevamente.

Los manómetros utilizados en las líneas de pulpa son separados del contacto con la pulpa por un diafragma flexible, que transmite las presiones e impide el pasaje de sólidos.

Las consideraciones antes mencionadas son para bombeo a corta distancia. Es importante destacar, en el bombeo de pulpas, las siguiente consideraciones:

1) Usar preferentemente tramos horizontales y verticales.

2) Evitar curvas o caminos sinuosos. Elegir los caminos más directos y simples.

La selección del material para las cañerías de pulpas, es una tarea de responsabilidad, pues el material tendrá que soportar no tan solo la presión de bombeo, sino también la abrasión, impactos de variada importancia. Partículas angulosas causan desgaste mayor que las redondeadas. El desgaste también es proporcional al porcentaje de sólidos presente en la pulpa.

3.5.4. Clasificadores akins

Un clasificador espiral consiste en un tanque inclinado en el cual una o dos espirales giran despacio y libremente sin tocar los costados o el fondo del tanque. La máquina realiza una clasificación de sólidos de acuerdo con el tamaño y/o la gravedad específica, a través de los diferentes medios de decantación de las partículas, en suspensión dentro de la cuba.

Este es un mecanismo simple, fuerte y fácil de mantener para operaciones continuas de decantar agua y las finas partículas en suspención llamadas rebose y simultáneamente drenar y transportar las partículas gruesas llamadas hundido o arenas, fuera del clasificador. Los clasificadores espirales son equipos extremadamente simples y robustos, utilizados para separaciones granulométricas entre 20# y 325#.

La entrada de la alimentación debe estar situada de tal forma que la velocidad del líquido hacia el vertedero, junto con la distancia hasta el mismo, permita disponer del tiempo necesario para que las partículas finas especificadas sean transportadas por el vertedero, mientras que las partículas gruesas sean sedimentadas antes del mismo. Estas partículas gruesas se sedimentan en el fondo de la cuba donde la espiral (o hélice) las transporta hacia arriba en el tanque inclinado, siendo descargada por el extremo superior del mismo. Mientras están siendo transportadas las fracciones gruesas estas se agitan y se lavan en contra flujo; de esta forma se consigue reducir la cantidad de tamaños finos llevados fuera con la fracción gruesa.

3.5.4.1. Descripción del Equipo.

Consiste fundamentalmente en un tanque inclinado que encierra una o más hélices móviles, comúnmente llamadas espirales. El tanque está equipado con un vertedero de rebose y una caja de rebose para recoger el overflow que generalmente consiste en sólidos finos y agua, aunque bajo ciertas condiciones puede constituir el rebose un agua prácticamente clara. El producto sedimentado, comúnmente llamado hundido, es descargado por el extremo más elevado del tanque por la espiral móvil. El mecanismo de arrastre está formado por espirales simples o dobles montadas en un eje; las espirales van desde el vertedero de rebose hasta un punto por encima de la entrada de la alimentación.

El extremo inferior del espiral está montado sobre un mecanismo de elevación para mover la espiral de los sólidos decantados, facilitar el arranque, y para inspección. El mecanismo de accionamiento de la espiral debe estar equipado de modo de poder ser levantado y girar al mismo tiempo.

Los clasificadores espiral se suministran en dos tipos, de vertedero alto, o tipo H, en el cual la espiral no está completamente sumergida por el extremo inferior; y el de espiral sumergida, o tipo S, en el cual la espiral está totalmente sumergida y provisto de un gran depósito de sedimentación.

Los clasificadores espiral tienen una inclinación que normalmente va de 3" a 4" por pie (7,62 cm a 10,16 cm por 30,48 cm). La velocidad de operación varía generalmente entre 10 rpm para unidades pequeñas a 2 rpm para unidades grandes.

La potencia requerida depende del tamaño a clasificar y de la carga a arrastrar; esta varía entre 1 HP para equipos pequeños y simple espiral hasta 25 HP en los grandes y doble espiral.

3.5.4.2. Instalación.

La instalación del clasificador espiral es muy simple; generalmente se ubican en el piso inferior de la planta, o en el primer piso por conveniencia del layout. No hay problema en las instalaciones en pisos superiores, porque son equipamientos relativamente livianos. El clasificador no es pesado y no tiene piezas pesadas, no necesita por lo tanto de puente grúa para su mantenimiento.

El producto del overflow es descargado en una caja para el subsecuente bombeo. El underflow puede ser transportado a través de correas. Es muy importante la utilización de clasificadores espiral en circuito cerrado con molinos de bolas. El tamaño del clasificador se expresa a través del diámetro de la espiral, en pulgadas.

Es común, en vez de usar una espiral (single pitch), disponer de dos o tres espirales (double pitch y triple pitch), lo que duplica o triplica la capacidad de arrastre de la rosca. Es oportuno comentar que el clasificador espiral tiene una mayor eficiencia de clasificación comparada con los ciclones.

3.5.4.3. Funcionamiento del Clasificador Espiral.

Existen dos regímenes por los cuales un clasificador espiral puede ser operado: Régimen de Clasificación y Régimen de Corriente.

Régimen de Clasificación: Dentro de un clasificador operando en régimen de clasificación, pueden ser distinguidas cuatro zonas.

A) Zona Muerta, formada por los materiales gruesos que se depositan en el inicio de la operación y allí se fijan definitivamente. Esta capa aísla la rosca de la pared inferior del tanque e impide que se produzca un excesivo desgaste de esta pared.

B) Zona de material grueso sedimentado durante la clasificación y que se descarga por arriba del tanque, empujado por la rosca.

C) Zona en la que el material sólido que entra en el clasificador es mantenido en suspensión, debido a la agitación proporcionada por la hélice. La pulpa así mantenida tiene densidad y viscosidad elevada. Esa densidad y viscosidad tiene un efecto de suspensión sobre las partículas sólidas, en el sentido de que esa pulpa siendo más viscosa impide que las partículas finas o livianas se hundan.

D) Zona en que predomina una corriente horizontal en el sentido de la descarga por el overflow.

En la práctica en vez de controlar el porcentaje de sólido en la alimentación, es más fácil controlar el porcentaje de sólidos en el overflow. El porcentaje de sólidos en el overflow y en la alimentación, son por lo tanto proporcional. Es más fácil medir este parámetro en el overflow que en la alimentación.

El mecanismo de clasificación, es regulado en la operación por el control de la dilución de la pulpa en el clasificador, cuanto mayor es el porcentaje más grueso es el corte. Intervienen también la rotación e inclinación de la espiral.

A medida que aumenta la rotación, aumenta la agitación de la pulpa, y aumenta el diámetro de corte. La velocidad de rotación es limitada por el hecho de que la abrasión en la rosca aumenta también. A medida que aumenta la inclinación del aparato, aumenta el diámetro de corte del material.

Régimen de Corriente: En el mecanismo de clasificación por corriente, la alimentación es mucho más diluida respecto al régimen de clasificación. Igualmente, hay una fuerte corriente horizontal en el sentido del vertedero, y una corriente vertical descendente.

Las partículas que entran al clasificador tienden a hundirse, en una extensión en el sentido vertical, proporcional a su masa o a su tamaño. Las partículas más gruesas y pesadas, se hunden rápidamente y llegan al fondo del clasificador, de donde son removidas por el arrastre del espiral. Las partículas más finas o livianas, no consiguen hundirse y son tomadas por las corrientes horizontales próximas a la superficie y son descargadas en el overflow.

La posición de la interfase en función del caudal de la pulpa alimentada; depende también de la dilución y viscosidad de la pulpa, y la densidad de las partículas. En consecuencia, el resultado de la clasificación por este mecanismo, es inverso al anterior; cuanto menor es el porcentaje de sólidos más grueso es el corte.

3.5.4.4. Diámetro de Corte.

En tratamiento de minerales no se trabaja con partículas individuales, sino con una población de partículas; cada una de ellas tiene sus características propias de color, densidad, tamaño, forma. Lo que más interesa de esta población de partículas es su comportamiento en conjunto. Consideradas en conjunto, ellas deben poder ser caracterizadas por parámetros capaces de proporcionar información que permita conocer rápidamente a esa población.

En las operaciones de separación por tamaños, son usados intervalos de tamaños definidas por un límite superior y un límite inferior. La manera en como se distribuyen las partículas en intervalos de tamaños, se denomina distribución granulométrica, para un material dado.

Cualquier distribución, característica de una población dada, obedece a una ley estadística, y puede ser representada por dos números; una medida del valor de referencia y una medida de la dispersión. En los casos de distribuciones granulométricas el parámetro de mayor interés es algún valor central que caracterice al proceso en estudio.

d_{80}: en los procesos de trituración y clasificación con zarandas, es el diámetro por el cual pasa el 80% de la población.

d_{95}: en los procesos de clasificación con ciclones u otros clasificadores, se trata del diámetro por el cual pasa el 95% de la población del producto más fino, en ambos casos el overflow.

d_{50}: en los cálculos de bombas de pulpas, se trata del diámetro por el cual pasa el 50% de la población.

Para el calculo de los clasificadores espiral, lo más comúnmente usado es el diámetro 95, o sea, el diámetro por el cual pasa el 95% de la población del producto más fino.

3.5.4.5. Rendimiento.

Un clasificador espiral para una aplicación determinada se selecciona de modo de conseguir las siguientes funciones: a.Permitir a las partículas mayores que el tamaño de clasificación deseado, hundirse, y producir un rebose con el mínimo contenido de sobre tamaños. b. Producir un rebose con el contenido en sólidos lo suficientemente alto o exento de estos, como para alcanzar los requerimientos del proceso subsecuente. c. Agitar suficientemente los sólidos reposados en el hundido como para liberar los tamaños pequeños atrapados en él y hacer que aparezcan en el rebose. d. Drenar y remover los sólidos del hundido desde la cuba de sedimentación.

Un gran número de factores determinan la eficiencia de la separación, y la experiencia junto con los datos de operación actuales son extremadamente importantes. Los siguientes parámetros gobiernan el tipo y tamaño de clasificador requerido para una aplicación determinada:

Tonelaje de sólidos en la alimentación, densidad específica y densidad aparente en seco.

Curva granulométrica de los sólidos de alimentación.

Concentración de sólidos en la pulpa de alimentación.

Pulpa de alimentación líquida y su densidad específica.

Clasificación requerida y velocidad de sedimentación de las partículas de alimentación o tamaño requerido de separación en la pulpa líquida de alimentación.

Concentración de sólidos requeridos en el rebose.

Concentración de sólidos requeridos en el hundido.

PH de la pulpa de alimentación y corrosión.

La capacidad de arrastre de un clasificador tiene relación con la densidad específica, diámetro de la espiral, velocidad de la espiral, paso de la hélice, inclinación del equipo y potencia de accionamiento. La capacidad de rebose de un clasificador depende de la velocidad de rebose, grado de sedimentación, turbulencia y distancia que tienen que recorrer las partículas desde el punto de alimentación hasta el vertedero. La capacidad de arrastre es aproximadamente el doble para espirales dobles; inversamente proporcional al cambio de inclinación y proporcional a la velocidad de la espiral.

3.5.5. Hidrociclones

Se entiende por clasificación de tamaño a la operación de separación de partículas sólidas en fracciones homogéneas de tamaño o peso, ya sea por separación directa o por sedimentación diferencial a través de un fluido. Este último tipo de clasificación se denomina clasificación neumática o hidráulica, dependiendo del tipo de fluido a utilizar.

En el procesamiento de minerales normalmente se emplea la clasificación hidráulica, dejándose la clasificación neumática para casos muy específicos como la industria del cemento y no metálicos solubles.

En la clasificación con zarandas las partículas se separan principalmente de acuerdo a su dimensión y forma; mientras que en la clasificación hidráulica lo hacen por diferencia de tamaño, densidad y forma, ya que estas características afectan sus velocidades relativas en el fluido.

Los hidrociclones han sido utilizados industrialmente desde el final de la Segunda Guerra Mundial, sin embargo, el hidrociclón fue patentado por primera vez por Bertney en 1891, en Estados Unidos. Durante este tiempo, las aplicaciones han estado concentradas en la industria minera, pero recientemente han sido aplicado en otras muchas industrias tales como la química, petroquímica, textil, metalúrgica y otras.

Actualmente los hidrociclones son aplicados en clasificación, espesamiento, lavado de sólidos, entre otras. El uso de los hidrociclones en la industria minera, es probablemente debido a su versatilidad, simplicidad, su reducido tamaño y relativo bajo costo de mantenimiento; sin embargo, ellos tienen limitaciones en la eficiencia de separación.

3.5.5.1. Descripción y características de un ciclón típico.

El hidrociclón es un dispositivo mecánico muy simple que no incluye partes móviles. Posee una forma cónica cilíndrica cuyo diámetro varía desde unos pocos centímetros a diámetros que pueden alcanzar en ocasiones los metros. La razón largo diámetro varía con un amplio margen, dependiendo de la aplicación y las dimensiones del ciclón, en un rango desde 1:1 – 2:1 hasta 8:1 – 10:1. El peso de los ciclones por su parte varía desde gramos hasta valores cercanos a la tonelada, dependiendo de su tamaño y de los materiales con los cuales fue construido.

El hidrociclón requiere de potencia externa para su funcionamiento, la cual es provista normalmente por una bomba centrífuga en operación continua. En ocasiones recibe la energía por el aporte de la energía potencial del fluido a través de sistemas especiales de alimentación. Esta energía del fluido en la alimentación es convertida en aceleración angular y lineal, creando un efecto de ciclón donde la aceleración angular aumenta en la medida que el fluido avanza desde la periferia o pared del equipo hacia el eje de rotación. En la medida que la aceleración angular aumenta, la fuerza centrífuga también aumenta, provocando la separación de las partículas ya sea por tamaño y/o densidad.

En la parte superior de la sección cilíndrica del hidrociclón existe un disco o placa que a su vez es atravesado por un cilindro u orificio de salida denominado buscador de vórtice o vortex, que normalmente es el orificio más grande y que a su vez permite la salida de gran parte del líquido que se introduce por la alimentación junto con gran parte de los finos que han logrado ser separados. El fondo de la parte cilíndrica es comúnmente conectado con la sección cónica.

El diámetro más grande del cono es igual diámetro de la parte cilíndrica, y el diámetro más pequeño del cono igual al diámetro del orificio de descarga o apex a través del cual se desalojan las partículas más gruesas.

En un ciclón típico, donde el diámetro del mismo es definido aproximadamente como el diámetro en el interior de la cámara cilíndrica de alimentación, tiene un área de entrada en el punto de admisión al interior de la cámara de alimentación de un 6% a 8% del área de la sección de la cámara de alimentación. A menudo la boquilla de entrada es rectangular.

El vortex se extiende por debajo de la entrada de alimentación, para minimizar el cortocircuito de las partículas gruesas hacia el rebose. El diámetro del vortex es aproximadamente el 35% al 40% del diámetro del ciclón. La sección cónica tiene un ángulo que varía aproximadamente 12° para ciclones inferiores a 10" de diámetro y 20° para ciclones mayores. El ápex, es el punto de mayor desgaste, tiene normalmente un diámetro no inferior a un cuarto del vortex, pero no es el límite mínimo absoluto.

3.5.5.2. Principio de funcionamiento del ciclón.

El principio de operación de los hidrociclones está basado en las fuerzas centrífugas generadas en su cuerpo cónico cilíndrico. El movimiento rotacional del fluido se produce por la inyección tangencial del fluido al interior del hidrociclón. Con motivo de este movimiento rotacional normalmente se genera una zona de baja presión a lo largo del eje vertical del equipo, por lo que se desarrolla una columna de aire en ese lugar.

Las partículas en el fluido se ven afectadas en el sentido radial, por fuerzas opositoras, una hacia la periferia del equipo debido a la aceleración centrífuga, y la otra hacia el interior del equipo debido al arrastre del fluido que se mueve hacia el interior del hidrociclón. Consecuentemente, la mayor parte de las partículas finas abandonaran el equipo a través del orificio buscador de vórtice o vortex, localizado en la parte superior de la parte cilíndrica del hidrociclón. El resto de las partículas, mayoritariamente los gruesos, saldrán a través de un orificio de descarga o ápex, ubicado en el extremo inferior de la sección cónica.

El flujo del hidrociclón es obligado a seguir una trayectoria tipo espiral hacia abajo debido a la forma del equipo y a la acción de la fuerza de gravedad; sin embargo, en la medida que la sección transversal disminuye, se superpone una corriente interior que genera un flujo neto ascendente a lo largo del eje central, lo que permite que el fluido encuentre en su camino al tubo buscador de vórtice que actúa como rebalse, permitiendo que las partículas finas que acompañan al fluido desalojen el equipo. Adicionalmente, el vortex permite que la columna de aire, que se genera a lo largo del eje central se estabilice.

3.5.5.3. Variables asociadas a la geometría (de diseño).

Estas son, diámetro del hidrociclón (Dc), diámetro del vortex (Dv), área interna de entrada, diámetro del ápex (Da), longitud de la sección cilíndrica y ángulo del cono.

Diámetro del Ciclón: Los ciclones grandes tienden a separar tamaños más gruesos que los pequeños, por que los mayores generan fuerzas de aceleración mucho más pequeñas (10 veces la gravedad contra 4000 veces la gravedad para los ciclones pequeños). Naturalmente, cada tamaño produce un rango de estas fuerzas, pero la fuerza está aproximadamente en relación inversa al diámetro del ciclón.

Diámetro del Vortex: Es una de las variables más importantes; para ciclones de un diámetro fijado y una presión constante, el vortex puede alterar o influencia en el d_{50}. A mayor vortex corresponde un rebose más grueso. El vortex debe tener una longitud tal que esté por debajo del extremo interior de la alimentación, y por encima del extremo superior de la parte cilíndrica. Fuera de este rango d_{50} tiende a hacerse más grande.

Area Interna de Entrada: El área de entrada determina la velocidad de entrada, y es uno de los factores que gobierna la velocidad tangencial a diversos radios. En consecuencia afecta a radios de transición entre vórtices libres y forzados. Mientras se mantengan las condiciones básicas de un ciclón típico, un incremento en el área de entrada conlleva un incremento en el flujo de alimentación. Reduciendo el área de entrada se tendrá una capacidad similar con un ligero incremento en la caída de presión. La forma rectangular para el conducto de alimentación se considera superior a cualquier otra forma.

Diámetro del Apex: La determinación del diámetro óptimo del apex presenta algunas dificultades. Este diámetro determina la capacidad de sólidos y el porcentaje de sólidos en el hundido.

El núcleo de aire cuando se convierte en inestable, se cierra, entonces el ciclón descarga en forma de "soga". La descarga en forma de soga es la condición en donde el apex se encuentra sobrecargado de sólidos gruesos o cuando el hundido es ahogado; a causa de esto las partículas gruesas son forzadas en el interior de la corriente del rebose a su descarga por este, creando una situación no deseada. Se ha encontrado una ecuación que nos permitirá determinar el diámetro del apex para condiciones óptimas de descarga,

$$S = 4{,}16 - \frac{16{,}43}{2{,}65 - \rho + \dfrac{100\rho}{p_u}} + 1{,}10 \cdot \ln\left(\frac{U}{\rho}\right)$$

Donde,

S = diámetro recomendado del apex (pulgadas).

ρ = densidad del mineral.

p_u = porcentaje en peso del hundido.

U = tonelaje de sólidos en el hundido en (STPH – toneladas cortas por hora)

Angulo del Cono: Un tamaño de cono pequeño, tiende a reducir el tamaño de separación. Incrementar el ángulo del cono es comprimir los sólidos gruesos hacia el centro para obtener un producto concentrado en el hundido.

Longitud de la Sección Cilíndrica: Un incremento en la longitud de la sección cilíndrica produce una separación más fina, probablemente porque en esa zona donde las partículas gruesas que han sido forzadas hacia el eje por las paredes del cono son removidas más allá desde el vortex.

3.5.5.4. Variables asociadas al proceso (operativas)

El tamaño de separación es influido por diversas variables, incluyendo la forma de la partícula y su densidad, viscosidad de la pulpa y la densidad de la misma, distribución del tamaño de alimentación, porcentaje de sólidos en la misma en volumen y presión en la entrada.

Viscosidad Interna – Densidad de la Pulpa: Es difícil separar la influencia de la viscosidad y densidad del medio de la pulpa sobre las partículas que están siendo separadas en el interior del ciclón. En general la viscosidad de la pulpa aumenta con la densidad de la misma, de forma tal que a un punto crítico la viscosidad aumenta severamente por pequeños cambios en la densidad. Un incremento en la viscosidad de la corriente del rebose aplica grandes fuerzas de arrastre en las partículas, tirando en el producto de rebose partículas largas y pesadas. De igual manera influye el material fino y pegajoso en la viscosidad.

Porcentaje de Sólidos en la Alimentación: Esta variable es muy importante y es una medida indirecta de la viscosidad – densidad de la pulpa.

Presión de Entrada: Aumentar la presión de entrada, implica Incrementar el rendimiento en volumen en un ciclón, consume más energía, como indica el crecimiento de la caída de presión desde la entrada de alimentación al rebose. Esta energía da a la pulpa una velocidad angular, que crece rápidamente como lo hace el flujo espiral en el interior desde la pared al centro del vortex. La velocidad crea fuerzas centrífugas que pueden ser representadas por un vector simple dirigido radialmente hacia el exterior. Por otra parte las partículas son llevadas hacia el rebose por las fuerzas de arrastre, por la mayoría de las espirales internas del volumen de alimentación; estas fuerzas pueden ser representadas por un simple vector dirigido radialmente hacia el interior.

Cambios en el rendimiento de volumen, que alteran la magnitud de dichos vectores en longitud con la caída de presión, tienen un efecto muy pequeño. La influencia es muy grande en el vector de la fuerza centrífuga, por lo que el efecto de incrementar el volumen del flujo obliga a las partículas gruesas a permanecer próximas a la pared y aparecer en el hundido.

La influencia en la caída de presión, en relación al tamaño d_{50}, denominado C_2, se calcula:

$$C_2 = 2{,}00(\Delta P)^{-0{,}3}$$ Donde, ΔP está en PSI.

Densidad de los Sólidos: La fuerza centrífuga que actúa sobre las partículas y las opone al arrastre de la corriente hacia el rebose, depende de la masa de la partícula que está referida al tamaño de la partícula y su densidad. Por esta razón el rebose del ciclón contiene partículas finas pesadas junto con partículas gruesas ligeras. Puede relacionarse d_{50}, denominado C_3 a la densidad, como sigue:

$$C_3 = \sqrt{\frac{1{,}65}{\rho - 1}}$$

3.5.5.5. Materiales de Construcción.

Mientras que muchos ciclones utilizados en la industria química y del papel han sido moldeados en plásticos o fundiciones cerámicas y metálicas, la industria de los minerales ha utilizado principalmente ciclones construidos con cuerpo metálico revestido por diversos elastómeros.

Desde hace tiempo están siendo moldeados con revestimientos reemplazables de goma pura para un rápido mantenimiento y asegurar una buena geometría. Las superficies lisas que se moldean pueden proporcionar una resistencia al desgaste por abrasión, particularmente buena.

Cuando el material es abrasivo, se usan revestimientos cerámicos reemplazables. Su alto costo es, bajo estas condiciones, compensado por la larga duración. Una ventaja de los revestimientos reemplazables es la posibilidad de ensayar revestimientos de diferentes materiales en diferentes partes del ciclón.

Las secciones próximas al apex a menudo sufren un excesivo desgaste por las partículas gruesas y pueden ser protegidas con materiales más exóticos.

3.5.5.6. Instalaciones.

Toda instalación de ciclones consta de una bomba de pulpa que alimenta al ciclón o ciclones y la línea de cañería unida a esos equipos. Por la necesidad de presión en la alimentación, el ciclón o ciclones, se ubican en una posición más elevada dentro de la planta, de modo que a partir del mismo, la alimentación a los equipos subsecuentes, se puede realizar por gravedad.

Los ciclones son montados sobre estructuras especiales, construidas para ello. Estas estructuras son metálicas (en acero), y el piso de chapa expandida, que permite que la posible pulpa derramada escurra al piso inferior y drene a un lugar determinado, de modo que no se acumule evitando accidentes graves.

La disposición más conveniente en cuanto a la alimentación es aquella que permita una distribución radial y simétrica de la pulpa hacia los ciclones. Este dispositivo, llamado en la jerga minera araña, consiste en una cámara presurizada, alimentada por la cañería de impulsión. De esta cámara, radialmente dispuestos, salen los tubos que alimentan los ciclones.

Los flujos de overflow y del underflow, son recogidos en cajas independientes, y dirigidos hasta los equipos subsecuentes a cada uno, por medio de cañerías y aprovechando la gravedad. La araña es construida de manera tal que tenga ciclones de reserva y procurando usar un número par, para que siempre se tenga una distribución radial y simétrica.

Los instrumentos más importantes en estas operaciones, son los manómetros, para medir la presión de alimentación; estos manómetros se colocan en cada uno de los ciclones. Además, es necesario también un dispositivo, para medir el porcentaje de sólidos en la pulpa de alimentación, el mas comúnmente utilizado es el de dispersión de rayos gama.

3.5.6. Espesadores

Un espesador consiste en un tanque cilindro cónico y de altura variable, pero pequeña comparada con la dimensión areal de la parte cilíndrica. La parte cónica inferior presenta una inclinación de 12:1. Generalmente debido a sus grandes dimensiones se instalan fuera de la planta y su construcción e instalación presentan costos importantes respecto del costo total de la planta.

Normalmente son construidos en hormigón armado o acero y eventualmente y para tamaños muy grandes se usa arcilla compactada para construir el fondo del espesador. La alimentación de la pulpa se realiza por la parte central del cilindro, mediante un dispositivo especial "feedwell" para cortar la turbulencia. Los sólidos sedimentan y son retirados por debajo (Underflow), mientras que el liquido sobrenadante rebasa siendo colectado por una canaleta periférica.

Puede recibir pulpas en la alimentación muy diluidas en el orden del 5 % de sólidos en peso y desaguan productos tan espesos como 65 % al 75 %. No obstante que su función es lograr productos tan espesos como lo sea requerido por el proceso siguiente, cada ves es mas importante su utilización en plantas de tratamiento de efluentes en donde se quiere fundamentalmente, recuperar agua para retornar al proceso o separar los sólidos en suspensión antes del vertido final sobre un rió o en un dique de colas.

En el fondo del espesador (parte cónica) gira una rastra o rake, llevando los lodos espesados al centro del espesador en donde se ubica la descarga del underflow y el material es extraído mediante la utilización de un bomba de pulpa.

Una práctica aconsejable es utilizar los denominados súper espesadores o espesadores de lamellas, el que consiste en el mismo tipo de equipo descrito pero tiene instalado un dispositivo que aumenta la superficie de decantación de los sólidos, lo que se realiza por medio de un conjuntos de placas inclinadas.

El sistema se basa en unas placas o elementos de decantación que se sitúan paralelamente entre sí en el interior del caño de decantación, de forma que el espacio comprendido entre cada dos placas paralelas constituye un pequeño clarificador en el que los sólidos deslizan hacia el siguiente conjunto de placas situado por debajo de aquellas, mientras que el líquido clarificado asciende entre las dos placas, llegando a un elemento horizontal, desde donde se desplaza hacia el colector del líquido clarificado.

A medida que los sólidos van descendiendo aumenta la densidad de los lodos siendo evacuados finalmente y de forma continua por la parte inferior del cono. El área efectiva de clarificación que se llega a conseguir con este sistema puede ser de hasta treinta y cinco veces la del cono sin los elementos descriptos. Así por ejemplo, para el tratamiento de lodos provenientes del corte de mármol con un contenido del 1% de sólidos en peso, se estaban utilizando conos convencionales de 7 metros de diámetro.

Las ventajas más importantes que podemos mencionar con la utilización de estos son:

- Bajo costo de la adquisición
- Mínimo de mantenimiento por carecer de partes móviles
- Mínimo espacio requerido por su concepto modular
- Facilidad de operación
- Resistencia a la corrosión, ya que se realiza en material plástico.

3.5.7. Filtros

Una vez espesados los lodos hasta su máxima concentración de sólidos es preciso deshidratar los mismos para recuperar el agua limpia y almacenar o utilizar los sólidos deshidratados. Debido a las características de los sólido, es necesario emplear un sistema de filtrado a presión.

Los sistemas utilizados son:

- **Filtro-prensa**
- **Filtro de banda a presión.**

Los filtros prensa están constituidos por un conjunto de placas provistas de tela filtrante adecuadas y soportadas por un bastidor metálico, sobre el que pueden deslizar por efecto de un pistón hidráulico. El funcionamiento de estos filtros se realiza por medio de ciclos discontinuos mediante llenados y descargas sucesivas.

Para iniciar el ciclo de filtración, las placas se sitúan contiguas unas con otras de forma que cada dos placas se establece una cámara que se va llenando con los sólidos del lodo que se filtra. Esta capa de sólido que se va formando es la que realmente constituye el medio filtrante y al mismo tiempo se evacua el agua clarificada.

Una vez que se alcanza la presión máxima requerida por el ciclo de filtración que corresponde a la máxima concentración de sólidos en la torta se separan progresivamente las placas, produciéndose las descargas de los sólidos retenidos en cada una de las cámaras.

Pese a que existen dispositivos para que estos ciclos se lleven a cabo en forma automática, es muy frecuente que en las descargas quede parte de la torta adherida a la tela de filtración por lo que suele ser habitual la presencia de un operario que ayude al filtro a descargar los sólidos. El material obtenido se puede manipular perfectamente con transportador de correa debido a que la humedad final esta entre el 10 % y el 12 %.

Filtro de banda a presión. Su costo de instalación es notablemente menor que el anterior pero para su funcionamiento es preciso utilizar mayor cantidades de floculantes que con el filtro prensa.

Este tipo de filtro esta constituido por una banda continua de tela filtrante accionada mediante rodillos. En la zona de alimentación la tela va en posición horizontal y en ella se verifica un primer desaguado de los lodos, que filtran por gravedad. A continuación, los sólidos que todavía conservan un alto contenido de humedad son introducidos en la denominada zona de compresión en cuña, donde quedan atrapados entre la sección de banda que proviene de la zona de alimentación y la que proviene del retorno de la banda, que se encontraba situada en la zona de compresión final.

En la zona de compresión en cuña la sección transversal se va reduciendo a medida que el conjunto de los dos elementos de la banda y los sólidos contenidos en su interior se desplazan hacia el rodillo de compresión primaria, con lo que la presión sobre los sólidos va aumentando gradualmente perdiendo estos su fluidez.

A partir del rodillo de compresión primaria, los sólidos siempre confinados entre dos secciones de banda van pasando sucesivamente por una serie de rodillos de diámetros decrecientes, produciéndose un aumento progresivo en la presión aplicada, lo que junto con las fuerzas de cizalladura que se origina, va eliminado el agua de los sólidos con el resultado final de una torta que si bien presenta un contenido de humedad del 4 al 6 %, superior a la obtenida mediante la utilización del filtro prensa, es lo suficientemente baja como para poder ser manipulada por medios mecánicos.

3.5.8. Floculacion

Se denomina floculación a la unión de partículas en el seno de un liquido producida por la modificación de cargas eléctricas de las partículas o por la acción de reactivos que presentan principios de carga activa, denominados floculantes. Las partículas finas tienen velocidad de sedimentación muy baja, demorando tiempos considerables en sedimentar y en algunos casos hacen antieconómicos el uso de los equipos anteriormente descriptos.

El floculo obtenido mediante la floculación se comporta como si fuese una partícula de mayor tamaño pero de peso especifico menor. Al presentar una mayor masa aumenta la velocidad de caída requiriendo áreas de espesado menores para una misma condición de trabajo.

Los reactivos utilizados se pueden clasificar en :

Modificadores de pH, dentro de los que podemos mencionar la cal y el hidróxido de sodio cuando es preciso alcalinizar y el ácido clorhídrico y sulfúrico, entre los mas utilizados para bajar el pH.

Floculantes: Estos pueden ser de origen natural como el almidón de maíz o mandioca o sintéticos como es el caso de los poliacrilamidas y poliacrilonitritos, compuestos de cadena muy larga formados de carbono – hidrógeno y de altísimo peso molecular (Ej. PM = 2.000.000).

Coagulantes: El más difundido y utilizado es el sulfato de aluminio.

Se deberán realizar ensayos de laboratorio en probetas estudiando la dosificación de diferentes compuestos, con el objeto de obtener floculos de mayor tamaño y así observar la velocidad y forma de sedimentación de los sólidos con el objeto de determinar el área de espesamiento adecuada. Hay que tener en cuenta que para el buen funcionamiento de los filtros es necesario trabajar con pulpas espesadas y floculadas.

4

Ensayos Realizados

4.1. Introduccion

En este capítulo se describen los ensayos realizados y los resultados obtenidos, para los materiales de un grupo de canteras en explotación o con proyectos de inminente iniciación.

Si bien las canteras relevadas son numerosas, no todas se encuentran en explotación o están próximas a serlo, por ello se limitaron los estudios a unas pocas.

4.2. Canteras seleccionadas

Las Canteras seleccionadas son:

1. Cantera Guandacol de Mármol blanco
2. Cantera Anita de Mármol Onix verde
3. Cantera Sierra de los Quinteros de granito
4. Cantera Don Nino de laja colorada doble
5. Cantera Santa Rita de Granito Negro
6. Cantera Alcázar de granito verde oscuro a negro
7. Cantera Difunta Correa de granito negro

4.3. Descripción del material explotable

4.3.1. Cantera Guandacol

Roca metamórfica de color blanco. Estructura maciza, textura granoblástica, con cristales pequeños, relativamente uniformes de calcita-aragonita. La muestra presenta numerosas microfisuras, algunas sin relleno y otras con relleno muy fino.

Nombre: **Mármol.**

4.3.2. Cantera Anita

Roca metamórfica de color blanco tiza. Estructura maciza, textura granoblástica, con cristales pequeños, relativamente uniformes de calcita-aragonita. La muestra presenta una fisura rellena con calcita-aragonita de color blanco.

Nombre: **Mármol**.

4.3.3. Cantera Sierra de los Quinteros

Granito Sierra Lilaceo. Roca ígnea plutónica de color gris claro. Textura granuda con cristales equigranulares de cuarzo y plagioclasa. Subordinadamente hay microclino y anfíboles.

Clasificación: **Granodiorita.**

4.3.4. Cantera Don Nino

Arenisca limosa de grano fino, que presenta alineaciones y alternancia de finas capas limosas.

4.3.5. Cantera Santa Rita

Roca ígnea intrusiva de color gris oscuro. Textura granulada con cristales inequigranulares de plagioclasas y anfíboles. Subordinadamente algo de cuarzo.

Clasificación: **Anfibolita**

4.3.6. Cantera Santa Rita

Roca ígnea plutónica de color verde oscuro a negro. Textura microgranular con cristales de cuarzo y feldespatos en menor cantidad acompañado de abundantes biotitas y anfíboles (horblenda).

Clasificación: **Microgabro.**

4.3.7. Cantera Difunta Correa

Roca ígnea plutónica de color gris oscuro. Textura granular con cristales inequigranulares de plagioclasas y cuarzo en mayor cantidad que la muestra de granito negro de la cantera Santa Rita acompañado de abundantes biotitas y anfíboles.

Clasificación: **Microdiorita.**

4.4. Ensayos Realizados - Resultados

Los materiales de las canteras seleccionadas fueron sometidos a ensayos físicos, análisis químicos y determinaciones mineralógicas.

Los ensayos físicos se realizaron según NORMAS IRAM y NORMAS UNE, sobre probetas de roca (cubos de 7 cm de arista) y fueron:

Absorción y peso específico

Resistencia a la compresión uniaxial

Resistencia al desgaste por rozamiento

Ensayo de durabilidad a la desintegración

Ensayo de resistencia a la Carga Puntual

4.4.1. Determinaciones químicas efectuadas

Muestra	SiO_2	AL_2O_3	Fe_2O_3	CaO	MgO	Na_2O	K_2O	P.105°	PPC
1	2,30	1,24	0,70	30,80	19,38	0,03	1,30	0,14	44,10
2	0,37	0,71	1,60	51,24	1,47	0,21	0,01	0,09	44,28
3	64,40	19, 15	6,01	2,68	1,57	2,50	2,89	0,13	0,56
4	71,00	14,60	1,75	0,60	0,80	4,30	0,80	2,00	4,10
5	47,20	24,00	8,40	12,40	2,75	1,62	1,59	0,01	2,00
6	44,40	22,00	14,22	10,70	6,48	1,56	0,02	0,00	0,60
7	52,70	19,00	10,25	9,30	4,72	2,21	1,40	0,00	0,40

4.4.2. Determinación de peso especifico aparente y coeficientes de absorción de agua.

Muestra	Peso Suspendido	Peso saturado	Peso seco	Porosidad %	Absorción %	Pe. Aparente	Pe. Aparente en H_2O
1-1	626.32	976.17	974.63	0.44	0.158	2.78	2.79
2-1	613.81	980.39	980.03	0.0982	0.0367	2.67	2.67
2-2	578.22	923.67	923.57	0.0289	0.01082	2.67	2.67
3-1	599.58	959.54	958.29	0.370	0.130	2.66	2,67
3-2	562.23	899.32	899.13	0.056	0.0211	2.67	2.66
4-1	362.38	665.62	645.86	6.51	3.059	2.13	2.27
4-2	352.35	646.64	623.01	8.029	3.79	2.11	2.30
5-1	608.40	855.19	854.12	0.4335	0.1242	3.46	3.47
5-2	623.12	953.93	623.01	0.338	0.13	2.50	2.89
6-1	699.33	1065.55	1065.22	0.090	0.0309	2.90	2.91
6-2	717.56	1092.65	1092.63	0.0053	0.00183	2.91	2.91
7-1	653.21	1007.14	1006.96	0.050	0.017	2.84	2.84
7-2	628.14	960.02	960.00	0.006	0.000625	2.89	2.89

Una roca porosa absorberá más agua y sus minerales serán más susceptibles al ataque por la propia agua y por otros agentes químicos.

Para un mismo tipo de roca, aquella que sea más porosa presentará valores más bajos de resistencia a esfuerzos mecánicos.

Figura 34.Muestras preparadas para ensayo.

Granito Negro

F : FELDESPATO
Q : QUARZO
H : HORNBLENDA
L : LABRADORITA

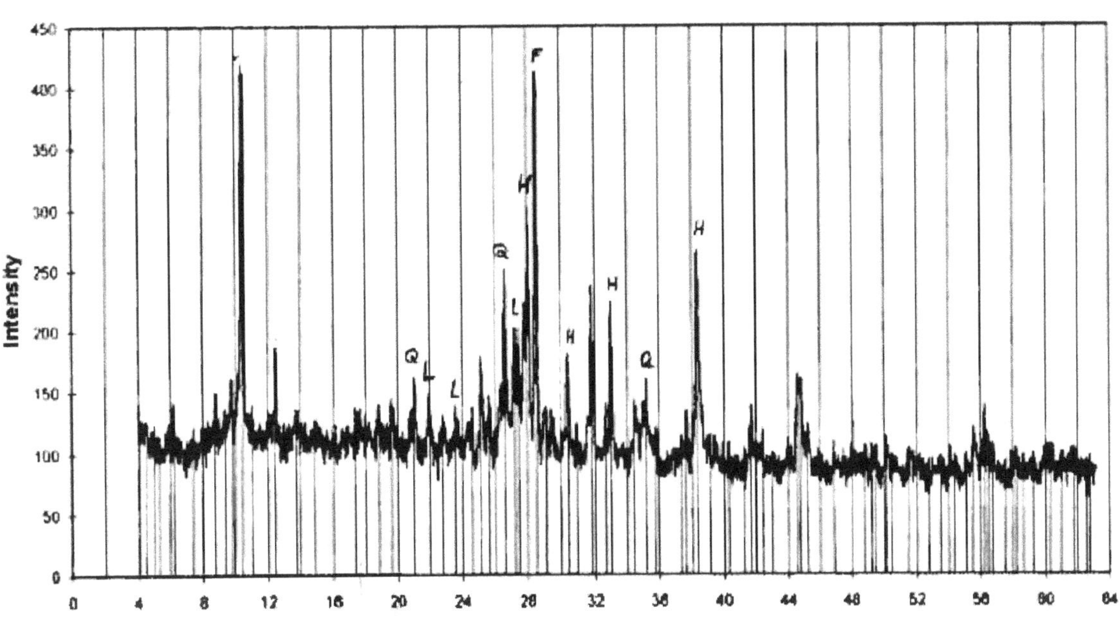

Figura 35: Diagrama de rayos X

El coeficiente de absorción de agua es de suma importancia cuando los materiales van a estar colocados a la intemperie, en contacto con agua o con la humedad del suelo.

4.4.3. Diagrama de rayos X

El diagrama (figura 1) de rayos X de la muestra de granito negro, cantera Santa Rita, confirmó la Presencia de cuarzo, plagioclasa (labradorita-bytownita) y anfíboles (horblenda).

Este resultado es extensible a todas las canteras de este material existentes en la zona.

Figura 36. Máquina de ensayo de Compresión

4.4.4. Ensayo de resistencia a la compresion

Muestra	Resistencia a la Compresión (Kg/cm^2)
Mármol Blanco	914.03
Onix verde	549.14 516.20
Granito Sierra Lilaceo	1.635.61
Laja Colorada	**Perpendicular al Estrato** 342 311.87 **Paralelo al Estrato** 267.06 242.63
Granito Negro Santa Rita	1.457.31
Granito Alcázar	1.668.47
Granito Difunta Correa	1.567.46

4.4.5. Ensayo de durabilidad

Figura 37. Máquina para ensayo de durabilidad.

Este ensayo se ha efectuado para una muestra de granito negro riojano. La desintegración fue inferior al 1%. Esta puede variar desde el 0% hasta el 100%. Esto significa que tiene un 99% de durabilidad, por cuanto hubo una ínfima desintegración.

5

Canteras de la Rioja

5.1. Introduccion

En este estudio se ha realizado un relevamiento de todos los pedimentos de canteras rocas ornamentales realizados en la Dirección de Minería de la Provincia de La Rioja.

Para cada pedimento se ha realizado una recopilación en la que se destaca la información más importante. Esta tarea se ha sistematizado por Departamentos, siendo estos los que a continuación se detallan:

- Departamento General Angel Vicente Peñaloza.-
- Departamento General Ortiz de Ocampo.-
- Departamento General Lamadrid.-
- Departamento General Manuel Belgrano.-
- Departamento Coronel Felipe Garcia.-
- Departamento Vinchina.-
- Departamento Independencia.-
- Departamento General Juan Facundo Quiroga.-
- Departamento Famatina.-

Como se ha tratado en el Capitulo I, se han considerado rocas ornamentales de distintas especies, teniendo en cuenta el tipo de material de acuerdo a la siguiente clasificación:

- Granito Negro.-
- Granito Gris.-
- Granito Rojo.-
- Granito Rosado.-
- Granito Violáceo.-
- Granito Azulado.-

- Granito Beige.-
- Onix Crema.-
- Onix Verde.-
- Onix Rosado.-
- Mármol Blanco.-
- Mármol Gris.-
- Travertino Pardo.-

5.2. Departamento General Angel V. Peñaloza

5.2.1- Cantera San Alberto. Expte. *D.P.M.*: 6183 - C - 74

***UBICACION E INFRAESTRUCTURA*:**

La cantera esta ubicada en el Distrito Tuizón Departamento Angel Vicente Peñaloza, en la Provincia de La Rioja, a 10 Km. de la Localidad de Tuizón y 57 Km. de Punta de Los Llanos, por caminos enripiados (Ruta Provincial Nº 28).-

En la Localidad de Punta de Los Llanos se encuentra la estación de embarque del Ferrocarril Nacional General Belgrano.-

***RECURSOS*:**

El Distrito cuenta con algunos recursos hídricos como arroyos de régimen temporarios que descienden de la Sierra de Los Llanos hacia el poniente y ojos de agua en los alrededores del puesto El Totoral. También se puede disponer de madera ya que en la zona predominan ejemplares como quebracho blanco y colorado, también chañar, mistol, tala, lata, etc.-

CLIMA:

El clima es de tipo francamente mediterráneo, permite el trabajo durante todo el año. La precipitación promedio anual es de aproximadamente 250 mm.

GEOLOGIA:

La cantera se halla al costado occidental de la Sierra de Los Llanos, perteneciente al sistema de Sierras Pampeanas, de rumbo meridional y estructura cristalina de edad paleozoica.-

La composición de la roca corresponde a una diorita, dominando una tonalita con un porcentaje de cuarzo que le imprime una coloración clara de estructura holocristalina granitóide de grano mediano a fino y una textura maciza compacta.-

En una muestra fresca de la roca se observan pequeñas marcas blancas o concentraciones cuarzosas que al lustrarse proporcionan brillo nacarado muy aceptable.

La cantera abarca un área de 10 Ha. 8.193 m^2.-

CARACTERSITICAS ORNAMENTALES:

Granito negro.-

RESERVAS:

El afloramiento principal se puede estimar en 140 m. de largo por 45 m. de ancho y 35 m. de altura, que constituye un reserva aproximada de 210.500 m^3. -

MERCADO: Interno potencialmente bueno, se ubica en Capital Federal y Gran Buenos Aires.-

5.2.2. Cantera San Nicolas. Expte. *D.P.M.*: 1627 - C - 74.-

UBICACION E INFRAESTRUCTURA:

La cantera esta ubicada en el Distrito Tuizón Departamento Angel Vicente Peñaloza, en la Provincia de La Rioja, a 10 Km. de la Localidad de Tuizón y 57 Km. de Punta de Los Llanos, por caminos enripiados (Ruta Prov. Nº 28).-

En la Localidad de Punta de Los Llanos se encuentra la estación de embarque del Ferrocarril Nacional General Belgrano.-

RECURSOS:

El Distrito cuenta con algunos recursos hídricos como arroyos de régimen temporarios que descienden de la Sierra de Los Llanos hacia el poniente y ojos de agua en los alrededores del puesto El Totoral. También se puede disponer de madera ya que en la zona predominan ejemplares como quebracho blanco y colorado, también chañar, mistol, tala, lata, etc.-

CLIMA:

El clima es de tipo francamente mediterráneo, permite el trabajo durante todo el año. La precipitación promedio anual es de aproximadamente 250 mm. -

GEOLOGIA:

La cantera se halla al costado occidental de la Sierra de Los Llanos, perteneciente al sistema de Sierras Pampeanas, de rumbo meridional y estructura cristalina de edad paleozoica.-

La composición de la roca corresponde a una diorita, dominando una tonalita con un porcentaje de cuarzo que le imprime una coloración clara de estructura holocristalina granitoide de grano mediano a fino y una textura maciza compacta.-

En una muestra fresca de la roca se observan pequeñas marcas blancas o concentraciones cuarzosas que al lustrarse proporcionan brillo nacarado muy aceptable.-

La cantera abarca un área de aproximada de 10 hectáreas. -

RESERVAS:

El afloramiento principal posee 140 m. de largo por 45 m. de ancho y 35 m. de altura, por lo que se puede estimar una reserva aflorante de 210.500 m^3. -

CARACTERISTICAS ORNAMENTEALES:

Granito gris.-

MERCADO:

Interno potencialmente bueno, se ubica en Capital Federal y Gran Buenos Aires.-

LABOREO:

Pequeños destapes.-

5.2.3- Cantera San Pedro. Expte. *D.P.M.*: 3425 - C - 54.-

UBICACIÓN E INFRESTRUCTURA:

Esta cantera se encuentra ubicada al sudeste de la ciudad capital de la provincia de La Rioja, a 155 Km. sobre la margen occidental de la Sierra de Los Llanos y a 10 Km. al Este de la población de Tuizón, en el Distrito Angel Vicente Peñaloza.-

El primer tramo La Rioja - Punta de Los Llanos (108 Km.), por ruta Nacional Nº 38 se encuentra pavimentado y los restantes Punta de Los Llanos - Tuizón (47 Km.), por la ruta Provincial Nº 28 enripiado también en buen estado, restando solamente el camino Tuizón - Cantera (12 Km.), por senda para cabalgadura.-

La Estación de Embarque del Ferrocarril Nacional General Belgrano más próxima ésta en Punta de Los Llanos.-

RECURSOS:

Resultan fundamentales para la zona donde se ubica la cantera, los recursos hídricos, botánicos y zoológicos indispensables para la iniciación de la explotación minera.-

CLIMA:

De tipo mediterráneo permite el trabajo durante todo el año.-

GEOLOGIA:

La cantera ésta ubicada sobre el costado Occidental de la Sierra de Los Llanos, incluida en el sistema de las Sierras Pampeanas, de rumbo meridional y estructura cristalina, por lo que cronológicamente corresponde a la era paleozoica.-

Su núcleo estructural constituido por esquistos cristalinos precámbricos, afectados por intrusiones graníticas paleozoicas que fueron favorecidas por un ciclo de movimientos universales denominados hercínicos, cuyas consecuencias son muy conocidas.-

Los distintos tipos de rocas presentan como componentes petrográficos fundamentales: cuarzo, feldespato y mica, con algunos accesorios que no revisten mayor importancia.-

CARACTERISTICAS ORNAMENTALES:

La roca a explotar denominada granito negro corresponde a una dioríta que recibe el nombre específico de tonalíta con un contenido cuarzoso elevado, que le imprime una coloración blanquecina algo clara, con estructura macrocristalina de granos medianos a finos, tipo granitóide, y una textura maciza compacta que hace a su dureza.-

RESERVAS:

Se encuentra un afloramiento principal de dimensiones: 240 m. de largo por 45 m. de ancho y 30 m. de altura, que hacen 378.000 m³.-

MERCADO:

Los principales mercados se ubican en Capital Federal y Gran Buenos Aires.-

5.2.4. Cantera La Aguadita I. Expte. *D.P.M.*: 9520 - C - 88.-

UBICACION E INFRAESTRUCTURA:

Esta cantera ésta ubicada en el Distrito El Carrizal del Departamento Angel Vicente Peñaloza en la Provincia de La Rioja, siendo sus coordenadas geográficas 35° 35´ 30´´ de Latitud Sur y 66° 38´ 00´´ de Longitud Oeste.-

El acceso a la zona de interés se realiza a partir de la Localidad de Punta de Los Llanos (estación de Ferrocarril más cercana), a donde se arriba por la Ruta Nacional N° 38 y desde allí se toma la Ruta Provincial N° 29 y luego de pasar por los caseríos El Alto (Km. 24), El 38 o Represa del Monte (Km. 38) y La Agüadita (Km. 53), se arriba al Km. 55, desde donde por un camino secundario de aproximadamente 700 m. se arriba a la cantera, localizada en los primeros Faldeos Occidentales de la Sierra de Malanzán.-

A 26 Km. del yacimiento se ubica la Localidad de Tama, con sus 1.000 habitantes que nuclea el 50% de la población total del Departamento, del cual es cabecera, cuenta con hospital, policía, correo, escuela, etc. Existen además numerosos puestos y caseríos entre ellos El Carrizal y La Agüadita, los más cercanos a la cantera.-

RECURSOS:

Agua: El agua superficial es muy escasa, estando limitada su presencia a las proximidades de unas pocas vertientes en la zona del yacimiento, sin embargo el caudal de las mismas sería suficiente para el trabajo de explotación y consumo personal.-

Vegetación: Es de tipo xerófila y esencialmente arbustiva espinosa. Los árboles como algarrobo, quebracho, chañar son escasos y se circunscriben a las zonas bajas con mayor desarrollo de suelo.-

CLIMA:

Es de carácter desértico, caluroso con temperaturas medias entre 10° Y 12° en invierno y 24° y 26° en verano. Las precipitaciones son escasas con medias anuales del orden de los 200 mm.-

GEOLOGIA:

La litología aflorante en la zona del yacimiento pertenece a lo que se denomina basamento cristalino de las Sierras Pampeanas del Sur-Este de la Provincia de La Rioja.-

La formación alta integrada por esquistos y micacitas de color gris verdoso aflora en sectores localizados, como en la Localidad de El Carrizal.-

El yacimiento es un stock monzogranítico ubicado al Este de la localidad de la Agüadita, su posición superficial nos define un cuerpo elongado en sentido Noreste-Suroeste, cuyo eje mayor tiene una longitud de 2.000 m. y el menor es de 800 m.-

CARACTERISTICAS ORNAMENTALES:

La roca es un monzogranito con cuarzo, biotita, ortosa, y plagioclasa como minerales principales y epidoto, caolín y caolita como secundarios, de color rojo pálido a intenso, de granulometria media y textura uniforme. Se lo describe como granito rojo imperial.-

RESERVAS:

Volumen Total del Area: ....5.810.080 m³.-

Volumen del Area de Explotación: ....1.342.040 m³.-

Porcentaje de Recuperación: ....30 %.-

Volumen Total Recuperable: ....402.612 m³.-

PROYECTO DE EXPLOTACION:

Consiste básicamente en una explotación a cielo abierto con frentes escalonados en sentido transversal y longitudinal a la dirección de avance, con el fin de lograr la máxima liberación de tensiones de la roca, la cual al no estar comprimida, permite un fácil desprendimiento y un mayor aprovechamiento de las roturas naturales.

Básicamente la metodología de explotación consiste en tres operaciones fundamentales, las cuales son:

A) Desprendimiento de grandes mazos.-

B) Movimiento de los mazos.-

C) Recuadre bloques del material.-

5.2.5. Cantera La Agüadita II. Expte. D.P.M.: 9521 - C - 88.-

UBICACION E INFRAESTRUCTURA:

Esta cantera ésta ubicada en el Distrito El Carrizal del Departamento Angel Vicente Peñaloza en la Provincia de La Rioja, siendo sus coordenadas geográficas 35º 35´ 30´´ de Latitud Sur y 66º 38´ 00´´ de Longitud Oeste.

El acceso a la zona de interés se realiza a partir de la Localidad de Punta de Los Llanos (estación de Ferrocarril más cercana), a donde se arriba por la Ruta Nacional Nº 38 y desde allí se toma la Ruta Provincial Nº 29 y luego de pasar por los caseríos El Alto (Km. 24), El 38 o Represa del Monte (Km. 38) y La Agüadita (Km. 53), se arriba al Km. 55, desde donde por un camino secundario de aproximadamente 700 m. se arriba a la cantera, localizada en los primeros Faldeos Occidentales de la Sierra de Malanzán.-

A 26 Km. del yacimiento se ubica la Localidad de Tama, con sus 1.000 habitantes nuclea el 50% de la población total del Departamento, del cual es cabecera, cuenta con hospital, policía, correo, escuela, etc.- Existen además numerosos puestos y caseríos entre ellos El Carrizal y La Agüadita, los más cercanos a la cantera.-

RECURSOS:

Agua: El agua superficial es muy escasa, estando limitada su presencia a las proximidades de unas pocas vertientes en la zona del yacimiento, sin embargo el caudal de las mismas seria suficiente para el trabajo de explotación y consumo personal.-

Vegetación: Es de tipo xerófila y esencialmente arbustiva espinosa. Los árboles como algarrobo, quebracho, chañar son escasos y se circunscriben a las zonas bajas con mayor desarrollo de suelo.-

CLIMA:

Es de carácter desértico, caluroso con temperaturas medias entre 10° Y 12° en Invierno y 24° y 26° en Verano. Las precipitaciones son escasas con medias anuales del orden de los 200 mm.-

GEOLOGIA:

La litología aflorante en la zona del yacimiento pertenece a lo que se denomina basamento cristalino de las Sierras Pampeanas del Sur-Este de la Provincia de La Rioja.-

La formación alta integrada por esquistos y micacitas de color gris verdoso aflora en sectores localizados, como en la Localidad de El Carrizal.-

El yacimiento es un stock monzogranitico ubicado al Este de la localidad de la Agüadita, su posición superficial nos define un cuerpo elongado en sentido Noreste-Suroeste, cuyo eje mayor tiene una longitud de 2.000 m. y el menor es de 800m.-

CARACTERISTICAS ORNAMENTALES:

La roca es un monzogranito con cuarzo, biotita, ortoclasa, y plagioclasa como minerales principales y epidoto, caolín y caolinita como secundarios, de color rojo pálido a intenso, de granulometría media y textura uniforme. Se lo describe como granito rojo imperial.-

RESERVAS:

Volumen Total del Area : .... 6.983.300 m³.-

Volumen del Area de Explotación : .... 2.242.700 m³.-

Porcentaje de Recuperación : .... 30 %.

Volumen Total Recuperable : .... 672.810 m³.-

PROYECTO DE EXPLOTACION:

Consiste básicamente en una explotación a cielo abierto con frentes escalonados en sentido transversal y longitudinal a la dirección de avance, con el fin de lograr la máxima liberación de tensiones de la roca, la cual al no estar comprimida, permite un fácil desprendimiento y un mayor aprovechamiento de las roturas naturales. Básicamente la metodología de explotación consiste en tres operaciones fundamentales:

A) Desprendimiento de grandes mazos.-

B) Movimiento de los mazos.-

C) Recuadre en bloques del material.-

5.2.6. Cantera La Aguadita III. Expte. *D.P.M.*: 9518 - G - 88.-

UBICACION E INFRAESTRUCTURA:

Esta cantera ésta ubicada en el Distrito El Carrizal del Departamento Angel Vicente Peñaloza en la Provincia de La Rioja, siendo sus coordenadas geográficas 35º 35´ 30´´ de Latitud Sur y 66º 38´ 00´´ de Longitud Oeste.-

El acceso a la zona de interés se realiza a partir de la Localidad de Punta de Los Llanos (estación de Ferrocarril más cercana), a donde se arriba por la Ruta Nacional Nº 38 y desde allí se toma la Ruta Provincial Nº 29 y luego de pasar por los caseríos El Alto (Km. 24), El 38 o Represa del Monte (Km. 38) y La Agüadita (Km. 53), se arriba al Km. 55, desde donde por un camino secundario de aproximadamente 700 m. se arriba a la cantera, localizada en los primeros Faldeos Occidentales de la Sierra de Malanzán.-

A 26 Km. del yacimiento se ubica la Localidad de Tama, con sus 1.000 habitantes nuclea el 50% de la población total del Departamento, del cual es cabecera, cuenta con hospital, policía, correo, escuela, etc.- Existen además numerosos puestos y caseríos entre ellos El Carrizal y La Agüadita, los más cercanos a la cantera.-

RECURSOS:

Agua: El agua superficial es muy escasa, estando limitada su presencia a las proximidades de unas pocas vertientes en la zona del yacimiento, sin embargo el caudal de las mismas seria suficiente para el trabajo de explotación y consumo personal.-

Vegetación: Es de tipo xerófila y esencialmente arbustiva espinosa. Los árboles como algarrobo, quebracho, chañar son escasos y se circunscriben a las zonas bajas con mayor desarrollo de suelo.-

CLIMA:

Es de carácter desértico, caluroso con temperaturas medias entre 10º Y 12º en Invierno y 24º y 26º en Verano. Las precipitaciones son escasas con medias anuales del orden de los 200 mm.-

GEOLOGIA:

La litología aflorante en la zona del yacimiento pertenece a lo que se denomina basamento cristalino de las Sierras Pampeanas del Sur-Este de la Provincia de La Rioja.-

La formación alta integrada por esquistos y micacitas de color gris verdoso aflora en sectores localizados, como en la Localidad de El Carrizal.-

El yacimiento es un stock monzogranítico ubicado al Este de la localidad de la Agüadita, su posición superficial nos define un cuerpo elongado en sentido Noreste-Suroeste, cuyo eje mayor tiene una longitud de 2.000 m. y el menor es de 800m.-

CARACTERISTICAS ORNAMENTALES:

La roca es un monzogranito con cuarzo, biotita, ortosa, y plagioclasa como minerales principales y epidoto, caolín y caolita como secundarios, de color rojo pálido a intenso, de granulometría media y textura uniforme. Se lo describe como granito rojo imperial.-

RESERVAS:

Volumen total del Area: .... 8.994.160 m^3.-

Volumen del Area de Explotación: .... 3.104.710 m^3.-

Porcentaje de Recuperación: .... 30 %.-

Volumen Total Recuperable: .... 931.413 m.-

PROYECTO DE EXPLOTACION:

Consiste básicamente en una explotación a cielo abierto con frentes escalonados en sentido transversal y longitudinal a la dirección de avance, con el fin de lograr la máxima liberación de tensiones de la roca, la cual al no estar comprimida, permite un fácil desprendimiento y un mayor aprovechamiento de las roturas naturales. Básicamente la metodología de explotación consiste en tres operaciones fundamentales, las cuales son:

A) Desprendimiento de grandes mazos.-

B) Movimiento de los mazos.-

C) Recuadre en bloques del material.-

5.2.7. Cantera La Aguadita IV. Expte. *D.P.M.*: 9590 - A - 89.-

UBICACION E INFRAESTRUCTURA:

Esta cantera ésta ubicada en el Distrito El Carrizal del Departamento Angel Vicente Peñaloza en la Provincia de La Rioja, siendo sus coordenadas geográficas 35º 35´ 30´´ de Latitud Sur y 66º 38´ 00´´ de Longitud Oeste.-

El acceso a la zona de interés se realiza a partir de la Localidad de Punta de Los Llanos (estación de Ferrocarril más cercana), donde se arriba por la Ruta Nacional Nº 38 y desde allí se toma la Ruta Provincial Nº 29 y luego de pasar por los caseríos El Alto (Km. 24), El 38 o Represa del Monte (Km. 38) y La Agüadita (Km. 53), se arriba al Km. 55, desde donde por un camino secundario de aproximadamente 700 m. se arriba a la cantera, localizada en los primeros Faldeos Occidentales de la Sierra de Malanzán.-

A 26 Km. del yacimiento se ubica la Localidad de Tama, con sus 1.000 habitantes nuclea el 50% de la población total del Departamento, del cual es cabecera, cuenta con hospital, policía, correo, escuela, etc.- Existen además numerosos puestos y caseríos entre ellos El Carrizal y La Agüadita, los más cercanos a la cantera.-

RECURSOS:

Agua: El agua superficial es muy escasa, estando limitada su presencia a las proximidades de unas pocas vertientes en la zona del yacimiento, sin embargo el caudal de las mismas seria suficiente para el trabajo de explotación y consumo personal.-

Vegetación: Es de tipo xerófila y esencialmente arbustiva espinosa, los árboles como algarrobo, quebracho, chañar son escasos y se circunscriben a las zonas bajas con mayor desarrollo de suelo.-

CLIMA:

Es de carácter desértico, caluroso con temperaturas medias entre 10º Y 12º en Invierno y 24º y 26º en Verano. Las precipitaciones son escasas con medias anuales del orden de los 200 mm.-

GEOLOGIA:

La litología aflorante en la zona del yacimiento pertenece a lo que se denomina basamento cristalino de las Sierras Pampeanas del Sur-Este de la Provincia de La Rioja.-

La formación alta integrada por esquistos y micacitas de color gris verdoso aflora en sectores localizados, como en la Localidad de El Carrizal.-

El yacimiento es un stock monzogranítico ubicado al Este de la localidad de la Agüadita, su posición superficial nos define un cuerpo elongado en sentido Noreste-Suroeste, cuyo eje mayor tiene una longitud de 2.000 m. y el menor es de 800 m.-

CARACTERISTICAS ORNAMENTALES:

La roca es un monzogranito con cuarzo, biotita, ortosa, y plagioclasa como minerales principales y epidoto, caolín y caolita como secundarios, de color rojo pálido a intenso, de granulometría media y textura uniforme. Se lo describe como granito rojo imperial.-

RESERVAS:

Volumen Total del Area:.................................. 3.935.760 m^3.-

Volumen del Area de Explotación: .... 1.708.260 m^3.-

Porcentaje de Recuperación: 30%.-

Volumen Total Recuperable: .... 512.478 m^3.-

PROYECTO DE EXPLOTACION:

Consiste básicamente en una explotación a cielo abierto con frentes escalonados en sentido transversal y longitudinal a la dirección de avance, con el fin de lograr la máxima liberación de tensiones de la roca, la cual al no estar comprimida, permite un fácil desprendimiento y un mayor aprovechamiento de las roturas naturales. Básicamente la metodología de explotación consiste en tres operaciones fundamentales, las cuales son:

A) Desprendimiento de grandes mazos.-

B) Movimiento de los mazos.-

C) Recuadre en bloques del material.-

5.2.8. Cantera Don Oreste. Expte. *D.P.M.*: 9590 - A - 89.-

Figura 25. Cantera Don Oreste. Bloque Natural.

Figura 26. Cantera Don Oreste. Bloque cortado.

UBICACION E INFRAESTRUCTURA:

La cantera se ubica en el extremo norte y faldeo occidental de la Sierra de Los Llanos provincia de La Rioja en el distrito Alcazar Departamento Angel V. Peñaloza .-

El acceso se realiza desde Punta de Los Llanos, se transitan 18 Km. hacia el sur por la ruta Provincial Nº 29 hasta un pequeño santuario desde donde parte la huella de 2 Km. hasta la cantera.

La localidad de Punta de Los Llanos, es la población mas cercana, se ubica sobre la ruta nacional Nº 38 y cuenta con estación de embarque del ferrocarril, estación de servicios, expendio de combustibles, servicios de ómnibus almacenes etc. Le sigue en importancia Tama a 23Km al sur, existiendo en este trayecto, otras localidades pequeñas como Alcazar, Tuizón y Chila.-

RECURSOS:

Agua: Frente al campamento, en terrenos aledaños a la cantera, hay dos vertientes de agua que podrían surtir a la misma.-

Madera: Existen en la zona algunos ejemplares como algarrobos y quebrachos que podrían ser de utilidad.-

CLIMA:

De tipo continental seco con escasas precipitaciones circunscriptas a los meses de Diciembre y Enero.-

GEOLOGIA:

La roca de campo se halla representada por metamorfitas del basamento cristalino, la esquistosidad de las rocas de rumbo sud meridional se encuentra disturbada por la influencia de intrusivos graníticos de edad más reciente.-

El efecto de estos eventos geológicos trajo aparejados además la formación de rocas migmatíticas que configuran verdaderas aureolas que rodean al granito negro.-

CARACTERISTICAS ORNAMENTALES:

El granito negro es una tonalíta hornblendica biotítica, roca homogénea de grano medio de color gris oscuro en bruto y negro al pulirse.-

RESERVAS:

Probables:........................307.781,25 m^3.-

Inferidas: ....262.920 m^3.-

5.2.9. Cantera San Nicolas. Expte. D.P.M.: 8586- D- 81.-

UBICACION E INFRAESTRUCTURA:

La cantera esta ubicada en el distrito Paca Tala del Departamento Angel V. Peñaloza en la Provincia de La Rioja, con coordenadas geográficas 30º 36´de Latitud Sur y 66º 25´de Longitud Oeste.-

El acceso a la cantera se realiza se parte de la Ciudad de La Rioja, por la Ruta Nacional Nº 38. hasta llegar a la Localidad de Punta de Los Llanos donde se toma la Ruta Provincial Nº 29, hasta Villa del Rosario de Tama, distante 42 Km., de allí por la huella a la Localidad de La Chimenea, se recorren 21 Km. hasta la Localidad de Paca Tala, centro más poblado al área. Desde Paca Tala se debe tomar una huella que va a Sierra de los Quinteros recorriendo 6,6 Km. y luego se accede a pie por un curso fluvial existente hacia el Norte por el que luego de 2 Km. se llega a la cantera.-

La población cabecera del Departamento es Tama, con comisaría, escuela, almacenes, etc., le sigue en importancia Punta de Los Llanos, con Estación de Ferrocarril, estación de servicios, servicios de ómnibus, almacenes, etc.. También existen otras poblaciones como Alcazar, Chila, Tuizón, Paca Tala, La Chimenea, además de numerosos puesto y estancias.-

RECURSOS:

Agua: El agua es escasa, circunscripta a algunas vertientes en Quebradas vecinas. No existen ríos de caudal permanente, a excepción de algunas Quebradas que llevan agua todo el año, como Quebrada Saltito, Tuizón, Chila, Del Arrollo, etc..-

Madera: Existen en la zona algunos ejemplares de quebracho colorado y blanco, también algarrobos que podrían ser de utilidad para la explotación.-

CLIMA:

Es del tipo continental semidesertico con temperatura media anual de 18º, con mínimas y máximas que oscilan entre los -5º C. y 7º C., y 44º y 45º C..-

GEOLOGIA:

Las rocas aflorantes en la cantera y en la zonas aledañas pertenecen por entero a la formación Chepes del basamento cristalino del precambrico-paleozoico inferior, puesto que en la región únicamente sedimentos carbónicos le suprayacen. Sobre el basamento cristalino y hacia el Noroeste, cercano a la Localidad de Tama, tenemos formaciones representativas del pérmico y terciario representados por sedimentitas de rumbo NW-SE -a- NE - SW, y sedimentos cuartarios recientes y actuales cubriendo los Valles y cursos fluviales.-

CARACTERISTICAS ORNAMENTALES:

El granito negro es una roca de color gris oscuro de textura granular pequeña (tamaño del grano entre 0,5 a 1 mm.), y se observan minerales ferromagnesianos, biotita, feldespato, cuarzo, epidoto, hemática, apatita y magnetita.-

RESERVAS:

Las reservas estimadas para esta cantera son del orden de 162.964 toneladas.-

5.2.10. Cantera San Miguel Expte. D.P.M.: 6182- C - 74.-

UBICACION E INFRAESTRUCTURA:

La cantera se ubica a una distancia de 115 Km. de la ciudad de La Rioja, con rumbo Sudeste, sobre la margen occidental de la Sierra de los Llanos, a 10 Km. al Este de la Localidad de Tuizón en el Departamento Angel Vicente Peñaloza.-

Desde la Ciudad Capital, por la Ruta Nacional Nº 38 , pavimentada, se llega a la población de Punta de Los Llanos, desde donde por la Ruta Provincial Nº 28, enripiada, se llega a Tuizón, de allí se recorren 10 Km. hacia el naciente por senda para cabalgadura, hasta llegar a la cantera.-

RECURSOS:

En la zona se encuentran ejemplares de quebracho blanco y colorado, brea, tala, mistol, garabato y lata, lo que asegura madera y leña para el uso tanteo en la cantera como en el campamento.-

Por el Norte de donde se ubica la cantera, drena hacia el poniente, el río de La Quebrada de La Calera que representa el principal exponente hidrográfico de la zona, con agua superficial en las nacientes que poco trecho aguas abajo desaparece en la arena por inmersión.-

CLIMA:

Corresponde al de los ambientes áridos y semiáridos, con veranos rigurosos, otoños y primaveras templados e inviernos benignos, con poca amplitud térmica.-

GEOLOGIA:

El área que abarca la cantera es: 12 Has 2472,54 m. Con un núcleo estructural constituido por esquistos cristalinos de edad precambrica, muy afectados por intrusiones graníticas de edad Devonica ; intrusiones favorecidas por los movimientos hercínicos. La composición petrografica ,es una dioríta con predominancia de cuarzo, feldespato y mica ,con algunos minerales accesorios como epidoto.-

CARACTERISTICAS ORNAMENTALES:

Esta roca se denomina comercialmente granito negro, de estructura granular masiva de color gris oscuro que al pulirse da un negro intenso.-

RESERVAS:

El frente mas importante de la cantera tiene 240 m de largo por 55 m. de ancho y 30 m. de alto lo que constituye una reserva de 363.000 m^3.-

5.2.11. Cantera Indio Martin. Expte. D.P.M.: 3850- P- 65.-

UBICACION E INFRAESTRUCTURA:

Esta cantera se ubica en el distrito Yabante en el Departamento Angel V. Peñaloza Provincia de La Rioja.

La población mas cercana es Punta de Los Llanos, a 20 Km. con aproximadamente 500 habitantes donde se encuentra la estación de embarque del ferrocarril también cuenta con estación de servicio policía escuela posta sanitaria almacenes etc.

El acceso se realiza desde Punta de Los Llanos por la ruta Provincial Nº 28, que va hacia Tama ,en el Km. 16 se desvía hacia la izquierda y al cabo de 4 Km. se llega a la cantera.-

RECURSOS:

Agua: No hay agua superficial ni subterránea por lo que se debe traerla desde la estación del ferrocarril de Punta de Los Llanos, hasta una pileta construida en la cantera.-

Madera: Existen en la zona ejemplares de algarrobo, quebracho, lata, garabato, que podrían ser útiles tanto para el campamento como para la explotación.-

CLIMA:

Es de tipo mediterráneo es decir veranos calurosos, otoño y primavera agradables, con cuatro o cinco heladas en invierno que no dificultan las labores de la cantera.-

GEOLOGIA:

El sistema montañoso donde esta enclavada la cantera, corresponde al sistema pampeano meridional de la era paleozoica. El núcleo estructural esta constituido por rocas precámbricas; donde predominan los esquistos cristalinos muy afectados por intrusiones de magmas graníticos tal vez devónicos originados por los movimientos hercínicos de la era paleozoica. Es pues en consecuencia, variable, la composición petrográfica de las distintas rocas.

Predominan las metamórficas y plutónicas. Estas rocas ígneas o magmáticas, con predominio de las plutónicas con magmas graníticos y dioríticos, afectaron las rocas preexistentes con un metamorfismo regional y de contacto proporcionando rocas tales como gneises, filitas y micacitas, muy frecuentes en toda la Sierra de Los Llanos.

El material de la cantera es una roca de estructura granular, compuesta principalmente por feldespato sódico-cálcico y anfibol o biotita con contenidos de cuarzo. Tiene como elementos accidentales esfenas, apatitas y hornblenda lo que le da el color oscuro.-

CARACTERISTICAS ORNAMENTALES:

Roca clasificada como granito negro.-

RESERVAS:

En forma global alcanza los 40000 m^3. La superficie de la cantera es de 30 Has.-

5.2.12. La Torrecina I. Expte. D.P.M.: 997- M- 53.-

UBICACION E INFRAESTRUCTURA:

Esta cantera se ubica en el faldeo occidental de la Sierra de Los Llanos, a 3 Km. en línea recta de la ruta Prov. Nº 29 y a 1800 m al noreste del puesto San Nicolás. Las coordenadas geográficas son: 30º 18´ de Latitud Sur y 66º 27´ de longitud oeste. El acceso se realiza por un camino de precarias condiciones de transitabilidad que parte de Ruta Provincial Nº 29 a la altura del Km. 13,5 por 3.100 m., luego los últimos 500 m. hasta el yacimiento se llega por una pequeña senda.-

La población más cercana (a 18 Km.), es Punta de Los Llanos con estación de embarque del Ferrocarril, 800 habitantes, energía eléctrica, comisaría, escuela, sala de primeros auxilios, estación de servicios, almacenes, etc. La población más importante es Chamical (a 32 Km.) con 8.000 habitantes.-

RECURSOS:

Agua: No existen vertientes o cursos fluviales, por lo que se deberá obtener desde algunos puestos de la zona o desde Punta de Los Llanos

Madera: Hay suficiente cantidad para cubrir las necesidades de la cantera. En la zona abunda el quebracho blanco y en las quebradas el quebracho colorado además talas y algarrobos.-

CLIMA:

Continental seco, con temperatura media anual de 19º C.

GEOLOGIA:

Las rocas que afloran en el ámbito de la cantera pertenecen al basamento cristalino precámbrico. Están constituidas por granodioritas intruídas por rocas dioríticas y por cuerpos pegmatíticos. La intrusión de diorita dio lugar a la hibridación parcial de la granodiorita.-

Pueden diferenciarse cuatro tipos diferentes de rocas: granodiorita, diorita, roca híbrida y pegmatita.-

El yacimiento ésta determinado por los afloramientos de la diorita. Se reconoce un cuerpo principal de elongación SSE - NNW, de 150 m. de longitud, con ancho promedio de 20 m. y seis cuerpos menores de idéntica orientación.-

Los minerales principales son: hornblenda, plagioclasa y biotita.-

En cuanto a la génesis, en un cuerpo granodirítico se produce una serie de fracturas por las que se intruye la roca diorítica. Esta intrusión se realiza bajo condiciones de presión elevada dando lugar parcialmente a fenómenos de hibridación en la granodiorita y además una reorientación de los minerales micaceos de la granodiorita e híbrido.-

La compresión y descompresión de la caja, motivado por la intrusión dio lugar al diaclasamiento conocido como lajamiento.-

CARACTERISTICAS ORNAMENTALES:

Roca conocida comercialmente como granito negro, de textura granular masiva, de color gris oscuro y negro intenso al pulirse.-

RESERVAS : 37.852 m³ de mineral positivo y 6.600 m³ inferido.-

MERCADO: Principalmente Capital Federal y Gran Buenos Aires.-

5.2.13. Cantera La Torrecina II. Expte. D.P.M.: 5103 - T - 71.-

UBICACION E INFRAESTRUCTURA:

Esta cantera se encuentra ubicada a 500 m. el Noroeste de la Localidad de Chila, sus coordenadas geográficas son 30º 25´de Latitud Sur y 66º 36´ 30´´ de Longitud Oeste.-

Prácticamente no existen problemas de acceso al yacimiento por cuanto este se encuentra adyacente a la Ruta Provincial N° 29, que une la Localidad de Punta de Los Llanos con Tama.-

La población más cercan es Chila a 500 m., Tama a 6 Km. y Punta de Los Llanos a33 Km.-

RECURSOS:

Agua: Es factible conseguirla en la Localidad de Chila, donde existen surtidores públicos, provenientes de vertientes permanentes cercanas, y son llevadas a la población por cañerías.-

Madera y Leña: hay abundante cantidad de leña en el lugar como para atender las necesidades de consumo, la madera en cambio no tiene utilidad para los trabajos específicos de la cantera, peros si para el consumo interno.-

Las especies arbóreas más comunes son quebracho, algarrobo, retamo, tala, y especies menores (jarillla, garabato, etc.).-

CLIMA:

Es de tipo Continental seco con lluvias solamente en Verano.-

GEOLOGIA:

Configuran el cuadro geológico de la región tres entidades perfectamente identificables:

a) Basamento Cristalino.-

b) Terciario.-

c) Cuaternario.-

Los afloramientos presentes se reducen a escasos reventones a modo de suaves lomitas, evidenciándose también sobre los lechos de los arroyos.- En todos los casos la base es desconocida.-

Los sedimentos terciarios de referencia están representados en el área de la cantera por facies clásticas sementadas por carbonato de cálcio, que en la terminología geológica corresponden a psefitas y psamitas polimícticas de un color blanco a rosado grisáceo predominando los tonos claros.-

CARACTERISTICAS ORNAMENTALES:

Se clasifica este material como caliza.-

5.2.14. Cantera San Francisco I. Expte. *D.P.M.*: 9500 - D - 88.-

UBICACION E INFRAESTRUCTURA:

Cantera de granito negro, ubicada en Distrito Tama, Departamento Angel Vicente Peñaloza, Provincia de la Rioja.-

Superficie 28 hectáreas.-

CARACTERISTICAS ORNAMENTALES:

Granito gris violáceo.-

5.2.15. Cantera San Francisco II. Expte. D.P.M.: 9501 - L - 88.-

UBICACION E INFRAESTRUCTURA:

Cantera de granito negro, ubicada en Distrito Tama, Departamento Angel Vicente Peñaloza, Provincia de la Rioja.-

Superficie 26 hectáreas.-

5.2.16. Cantera San Francisco III. Expte. D.P.M.: 9498 - C - 88.-

UBICACION E INFRAESTRUCTURA:

La cantera ésta ubicada en el Distrito Tama del Departamento Angel Vicente Peñaloza. Con coordenadas geográficas 30º 35´de Latitud Sur y 66º 32´de Longitud Oeste.-

El acceso se realiza a partir de la Localidad de Punta de Los Llanos, Estación de Ferrocarril más cercana, donde se abandona la Ruta Nacional Nº 38 y se toma la Ruta Provincial Nº 29, la que se encuentra en buenas condiciones de transitabilidad, luego se recorren por la misma 24 Km. hasta la Localidad denominada El Alto, donde se desvía hacia la izquierda y al cabo de 16 Km. y habiendo dejado atrás las Localidades de Tuizón y Chila, se llega a la Localidad de Tama, que es la cabecera del Departamento, con 1.000 habitantes y servicios de correo, hospital, policía, escuela, etc.-

Desde Tama se toma un camino hacia el Sur que llega hasta los caseríos de Tasquin y La Falda, desviando hacia la izquierda a aproximadamente 4 Km. de Tama para llegar a la Localidad de Guasamayo. Desde esta última se sigue a loma de mula por 800 m. hacia el Este por un sendero hasta llegar al extremo Norte del cuerpo granítico, objeto del presente estudio, el cual se haya sobre los Faldeos más bajos de la Vertiente Occidenteal de la Sierra de los Quinteros.-

RECURSOS:

Agua: El río Guasamayo lleva agua durante casi todo el año, hay además una vertiente natural permanente en Colosacan, distante 2 Km. y otra en Tama a 6 km., con las cuales se podría proveer de agua tanto a la explotación como al personal.-

Madera: Hay ejemplares de quebrachos, algarrobos, chañares, talas, etc.-

CLIMA:

Es de tipo desértico, las precipitaciones medias anuales son del orden de los 200 mm. y las temperaturas medias son para el Invierno entre 10 y 12º , y para el Verano 24 a 26º. Los vientos predominantes en la zona provienen del Este y Noreste.-

GEOLOGIA:

La litología aflorante que predomina en la región corresponde al denominado basamento cristalino de las Sierras Pampeanas del Sudeste de la Provincia de La Rioja.-

Toda la región se haya dominada por un ambiente tectónico de fracturación en bloques, característico de la morfología de las Sierras Pampeanas. De tal manera la zona estudio ésta limitada por fallas inversas, directas, coincidentes en general con las Quebradas principales de rumbo Norte-Sur. El yacimiento en cuestión es un stock granodiorítico con un cuerpo alargado en sentido Norte- Sur de 6.000 m. de largo por 2.000 m. de ancho, con una coloración pasando de gris violáceo a rosado, con una frecuente textura porfiroidea.-

En lo que respecta a la litología se reconocen como componentes minerales primarios al cuarzo microcristalino, plagioclasa, biotita y honblenda, en porcentajes que permiten clasificarla como granodiorita. Los minerales son epidoto, sericita, caolín y hematita.-

CARACTERISTICAS ORNAMENTALES:

El nombre comercial es granito gris platero, y en donde el cuarzo ha sufrido tinción por óxido férrico se la llama comercialmente gránate.-

RESERVAS:

Positivas: 472.657 m³. La superficie total de la cantera es igual a 30 hectáreas.-

5.2.17. Cantera San Francisco IV. Expte. *D.P.M.*: 9499 - C - 88.-

UBICACION E INFRAESTRUCTURA:

La cantera ésta ubicada en el Distrito Tama del Departamento Angel Vicente Peñaloza. Con coordenadas geográficas 30º 35´de Latitud Sur y 66º 32´de Longitud Oeste.-

El acceso se realiza a partir de la Localidad de Punta de Los Llanos, Estación de Ferrocarril más cercana, donde se abandona la Ruta Nacional Nº 38 y se toma la Ruta Provincial Nº 29, la que se encuentra en buenas condiciones de transitabilidad, luego se recorren por la misma 24 Km. hasta la Localidad denominada El Alto, donde se desvía hacia la izquierda y la cabo de 16 Km. y habiendo dejado atrás las Localidades de Tuizón y Chila, se llega a la Localidad de Tama, que es la cabecera del Departamento, con 1.000 habitantes y servicios de correo, hospital, policía, escuela, etc.- Desde Tama se toma un camino hacia el Sur que llega hasta los caseríos de Tasquin y La Falda, desviando hacia la izquierda a aproximadamente 4 Km. de Tama para llegar a la Localidad de Guasamayo. Desde esta última se sigue a loma de mula por 800 m. hacia el Este por un sendero hasta llegar al extremo Norte del cuerpo granítico, objeto del presente estudio, el cual se haya sobre los Faldeos más bajos de la Vertiente Occidenteal de la Sierra de los Quinteros.-

RECURSOS:

Agua: El río Guasamayo lleva agua durante casi todo el año, hay además una vertiente natural permanente en Colosacan, distante 2 Km. y otra en Tama a 6 km., con las cuales se podría proveer de agua tanto a la explotación como al personal.-

Madera: Hay ejemplares de quebrachos, algarrobos, chañares, talas, etc.-

CLIMA:

Es de tipo desértico, las precipitaciones medias anuales son del orden de los 200 mm. y las temperaturas medias son para el Invierno entre 10 y 12º , y para el Verano 24 a 26º. Los vientos predominantes en la zona provienen del Este y Noreste.-

GEOLOGIA:

La litología aflorante que predomina en la región corresponde al denominado basamento cristalino de las Sierras Pampeanas del Sureste de la Provincia de La Rioja.-

Toda la región se haya dominada por un ambiente tectónico de fracturación en bloques, característico de la morfología de las Sierras Pampeanas. De tal manera la zona estudio ésta limitada por fallas inversas, directas, coincidentes en general con las Quebradas principales de rumbo Norte-Sur.

El yacimiento en cuestión es un stock granodioritico con un cuerpo alargado en sentido Norte-Sur de 6.000 m. de largo por 2.000 m. de ancho, con una coloración pasando de gris violáceo a rosado, con una frecuente textura porfiroidea.-

En lo que respecta a la litología se reconocen como componentes minerales primarios al cuarzo microcristalino, plagioclasa, biotita y honblenda, en porcentajes que permiten clasificarla como granodiorita.

Los minerales son epidoto, sericita, caolín y hematita.-

CARACTERISTICAS ORNAMENTALES:

El nombre comercial es granito gris platero, y en donde el cuarzo ha sufrido tinción por óxido férrico se la llama comercialmente gránate.-

RESERVAS:

Totales .... 6.415.500 m^3

Recuperables .... 635.134 m^3.-

5.2.18. Cantera San Franciasco V. Expte. *D.P.M.*: 9514 - D - 88.-

UBICACION E INFRAESTRUCTURA:

Cantera de granito negro, ubicada en Distrito Tama, Departamento Angel Vicente Peñaloza, Provincia de la Rioja.-

Superficie 30 hectáreas.-

5.2.19. Cantera San Francisco VII. Expte. *D.P.M.*: 9512 - Z - 88.-

UBICACION E INFRAESTRUCTURA:

Esta cantera de granito negro, esta ubicada en el Distrito Tama, Departamento Angel Vicente Peñaloza, Provincia de La Rioja.-

Superficie 26 hectáreas.-

5.2.20. Cantera San Francisco VIII. Expte. *D.P.M.*: 9513 - C - 88.-

UBICACION E INFRAESTRUCTURA:

Cantera de granito negro, ubicada en Distrito Tama, Departamento Angel Vicente Peñaloza, Provincia de la Rioja.-

Superficie 26 hectáreas.-

5.2.21. Cantera San Francisco IX. Expte. D.P.M.: 9511 - J - 88.-

UBICACION E INFRAESTRUCTURA:

Cantera de granito negro, esta ubicada en Distrito Tama, Departamento Angel Vicente Peñaloza en la Provincia de La Rioja.-

Superficie 30 hectárea.-

5.2.22. Cantera San Francisco X. Expte. *D.P.M.*: 9510 - J - 88.-

UBICACION E INFRAESTRUCTURA:

Cantera de granito negro ubicada en Distrito Tama, Departamento Angel Vicente Peñaloza, Provincia de La Rioja.-

Superficie 30 hectáreas.-

5.2.23. Cantera San Francisco XI. Expte. D.P.M.: 9508 - B - 88.-

UBICACION E INFRAESTRUCTURA:

Cantera de granito negro, ubicada en Distrito Tama, Departamento Angel Vicente Peñaloza, Provincia de la Rioja.-

Superficie 26 hectáreas.-

5.2.24. Cantera San Francisco XII. Expte. *D.P.M.*: 9509 - B - 88.-

UBICACION E INFRAESTRUCTURA:

La cantera ésta ubicada en el Distrito Tama del Departamento Angel Vicente Peñaloza. Con coordenadas geográficas 30º 35´de Latitud Sur y 66º 32´de Longitud Oeste.-

El acceso se realiza a partir de la Localidad de Punta de Los Llanos, Estación de Ferrocarril más cercana, donde se abandona la Ruta Nacional Nº 38 y se toma la Ruta Provincial Nº 29, la que se encuentra en buenas condiciones de transitabilidad, luego se recorren por la misma 24 Km. hasta la Localidad denominada El Alto, donde se desvía hacia la izquierda y la cabo de 16 Km. y habiendo dejado atrás las localidades de Tuizón y Chila, se llega a la Localidad de Tama, que es la cabecera del Departamento, con 1.000 habitantes y servicios de correo, hospital, policía, escuela, etc.- Desde Tama se toma un camino hacia el Sur que llega hasta los caseríos de Tasquin y La Falda, desviando hacia la izquierda a aproximadamente 4 Km. de Tama para llegar a la Localidad de Guasamayo.

Desde esta última se sigue a loma de mula por 800 m. hacia el Este por un sendero hasta llegar al extremo Norte del cuerpo granítico, objeto del presente estudio, el cual se haya sobre los Faldeos más bajos de la Vertiente Occidenteal de la Sierra de los Quinteros.-

RECURSOS:

Agua: El río Guasamayo lleva agua durante casi todo el año, hay además una vertiente natural permanente en Colosacan, distante 2 Km. y otra en Tama a 6 km., con las cuales se podría proveer de agua tanto a la explotación como al personal.-

Madera: Hay ejemplares de quebrachos, algarrobos, chañares, talas, etc.-

CLIMA:

Es de tipo desértico, las precipitaciones medias anuales son del orden de los 200 mm. y las temperaturas medias son para el Invierno entre 10 y 12º , y para el Verano 24 a 26º. Los vientos predominantes en la zona provienen del Este y Noreste.-

GEOLOGIA:

La litología aflorante que predomina en la región corresponde al denominado basamento cristalino de las Sierras Pampeanas del Sureste de la Provincia de La Rioja.-

Toda la región se haya dominada por un ambiente tectónico de fracturación en bloques, característico de la morfología de las Sierras Pampeanas. De tal manera la zona estudio ésta limitada por fallas inversas, directas, coincidentes en general con las Quebradas principales de rumbo Norte-Sur. El yacimiento en cuestión es un stock granodiorítico con un cuerpo alargado en sentido Norte-Sur de 6.000 m. de largo por 2.000 m. de ancho, con una coloración pasando de gris violáceo a rosado, con una frecuente textura porfiroidea.-

En lo que respecta a la litología se reconocen como componentes minerales primarios al cuarzo microcristalino, plagioclasa, biotita y honblenda, en porcentajes que permiten clasificarla como granodiorita. Los minerales son epidoto, sericita, caolín y hematita.-

CARACTERISTICAS ORNAMENTALES:

El nombre comercial es granito gris platero, y en donde el cuarzo ha sufrido tinción por óxido férrico se la llama comercialmente gránate.-

RESERVAS:

Positivas: 472.657 m^3. La superficie total de la cantera es igual a 30 hectáreas.-

5.2.25. Cantera San Francisco XIII. Expte. *D.P.M.*: 9506 - P - 88.-

UBICACION E INFRAESTRUCTURA:

La cantera ésta ubicada en el Distrito Tama del Departamento Angel Vicente Peñaloza. Con coordenadas geográficas 30º 35´de Latitud Sur y 66º 32´de Longitud Oeste.-

El acceso se realiza a partir de la Localidad de Punta de Los Llanos, Estación de Ferrocarril más cercana, donde se abandona la Ruta Nacional Nº 38 y se toma la Ruta Provincial Nº 29, la que se encuentra en buenas condiciones de transitabilidad, luego se recorren por la misma 24 Km. hasta la Localidad denominada El Alto, donde se desvía hacia la izquierda y al cabo de 16 Km. y habiendo dejado atrás las Localidades de Tuizón y Chila, se llega a la Localidad de Tama, que es la cabecera del Departamento, con 1.000 habitantes y servicios de correo, hospital, policía, escuela, etc.-

Desde Tama se toma un camino hacia el Sur que llega hasta los caseríos de Tasquin y La Falda, desviando hacia la izquierda a aproximadamente 4 Km. de Tama para llegar a la Localidad de Guasamayo. Desde esta última se sigue a loma de mula por 800 m. hacia el Este por un sendero hasta llegar al extremo Norte del cuerpo granítico, objeto del presente estudio, el cual se haya sobre los Faldeos más bajos de la Vertiente Occidenteal de la Sierra de los Quinteros.-

RECURSOS:

Agua: El río Guasamayo lleva agua durante casi todo el año, hay además una vertiente natural permanente en Colosacan, distante 2 Km. y otra en Tama a 6 km., con las cuales se podría proveer de agua tanto a la explotación como al personal.-

Madera: Hay ejemplares de quebrachos, algarrobos, chañares, talas, etc.-

CLIMA:

Es de tipo desértico, las precipitaciones medias anuales son del orden de los 200 mm. y las temperaturas medias son para el Invierno entre 10 y 12º , y para el Verano 24 a 26º. Los vientos predominantes en la zona provienen del Este y Noreste.-

GEOLOGIA:

La litología aflorante que predomina en la región corresponde al denominado basamento cristalino de las Sierras Pampeanas del Sureste de la Provincia de La Rioja.-

Toda la región se haya dominada por un ambiente tectónico de fracturación en bloques, característico de la morfología de las Sierras Pampeanas. De tal manera la zona estudio ésta limitada por fallas inversas, directas, coincidentes en general con las Quebradas principales de rumbo Norte-Sur. El yacimiento en cuestión es un stock granodiorítico con un cuerpo alargado en sentido Norte-Sur de 6.000 m. de largo por 2.000 m. de ancho, con una coloración pasando de gris violáceo a rosado, con una frecuente textura porfiroidea.-

En lo que respecta a la litología se reconocen como componentes minerales primarios al cuarzo microcristalino, plagioclasa, biotita y honblenda, en porcentajes que permiten clasificarla como granodiorita. Los minerales son epidoto, sericita, caolín y hematita.-

CARACTERISTICAS ORNAMENTALES:

El nombre comercial es granito gris platero, y en donde el cuarzo ha sufrido tinción por óxido férrico se la llama comercialmente granate.-

RESERVAS:

Positivas: 472.657 m³. La superficie total de la cantera es igual a 30 hectáreas.-

5.2.26. Cantera San Francisco XIV. Expte. D.P.M.: 9507 - P - 88.-

UBICACION E INFRAESTRUCTURA:

La cantera ésta ubicada en el Distrito Tama del Departamento Angel Vicente Peñaloza. Con coordenadas geográficas 30º 35´de Latitud Sur y 66º 32´de Longitud Oeste.-

El acceso se realiza a partir de la Localidad de Punta de Los Llanos, Estación de Ferrocarril más cercana, donde se abandona la Ruta Nacional Nº 38 y se toma la Ruta Provincial Nº 29, la que se encuentra en buenas condiciones de transitabilidad, luego se recorren por la misma 24 Km. hasta la Localidad denominada El Alto, donde se desvía hacia la izquierda y la cabo de 16 Km. y habiendo dejado atrás las Localidades de Tuizón y Chila, se llega a la Localidad de Tama, que es la cabecera del Departamento, con 1.000 habitantes y servicios de correo, hospital, policía, escuela, etc.-

Desde Tama se toma un camino hacia el Sur que llega hasta los caseríos de Tasquin y La Falda, desviando hacia la izquierda a aproximadamente 4 Km. de Tama para llegar a la Localidad de Guasamayo. Desde esta última se sigue a loma de mula por 800 m. hacia el Este por un sendero hasta llegar al extremo Norte del cuerpo granítico, objeto del presente estudio, el cual se haya sobre los Faldeos más bajos de la Vertiente Occidenteal de la Sierra de los Quinteros.-

RECURSOS:

Agua: El río Guasamayo lleva agua durante casi todo el año, hay además una vertiente natural permanente en Colosacan, distante 2 Km. y otra en Tama a 6 km., con las cuales se podría proveer de agua tanto a la explotación como al personal.-

Madera: Hay ejemplares de quebrachos, algarrobos, chañares, talas, etc.-

CLIMA:

Es de tipo desértico, las precipitaciones medias anuales son del orden de los 200 mm. y las temperaturas medias son para el Invierno entre 10 y 12º , y para el Verano 24 a 26º. Los vientos predominantes en la zona provienen del Este y Noreste.-

GEOLOGIA:

La litología aflorante que predomina en la región corresponde al denominado basamento cristalino de las Sierras Pampeanas del Sureste de la Provincia de La Rioja.-

Toda la región se haya dominada por un ambiente tectónico de fracturación en bloques, característico de la morfología de las Sierras Pampeanas. De tal manera la zona estudio ésta limitada por fallas inversas, directas, coincidentes en general con las Quebradas principales de rumbo Norte-Sur. El yacimiento en cuestión es un stock granodiorítico con un cuerpo alargado en sentido Norte-Sur de 6.000 m. de largo por 2.000 m. de ancho, con una coloración pasando de gris violáceo a rosado, con una frecuente textura porfiroidea.-

En lo que respecta a la litología se reconocen como componentes minerales primarios al cuarzo microcristalino, plagioclasa, biotita y honblenda, en porcentajes que permiten clasificarla como granodiorita. Los minerales son epidoto, sericita, caolín y hematita.-

CARACTERISTICAS ORNAMENTALES:

El nombre comercial es granito color violeta claro, textura granular xemomórfica, estructura maciza, composición: cuarzo, microclino, biotita, hornblenda, epidoto, sericta y caolín.-

RESERVAS:

Positivas: 472.657 m³. La superficie total de la cantera es igual a 26 hectáreas.-

5.2.27. Cantera San Francisco XV. Expte. D.P.M.: 9505 - C - 88.-

UBICACION E INFRAESTRUCTURA:

Cantera de granito negro, ubicada en Distrito Tama, Departamento Angel Vicente Peñaloza de la Provincia de La Rioja.-

Superficie 30 hectáreas.-

5.2.28. Cantera San Francisco XVI. Expte. *D.P.M.*: 9504 - C - 88.-

UBICACION E INFRAESTRUCTURA:

Esta cantera de granito negro se ubica en Distrito Tama, Departamento Angel Vicente Peñaloza, Provincia de La Rioja.-

Superficie 30 hectáreas.-

5.2.29. Cantera San Francisco XVII. Expte. D.P.M.: 9502 - O - 88.-

UBICACION E INFRAESTRUCTURA:

Cantera de granito negro, ubicada en Distrito Tama, Departamento Angel Vicente Peñaloza, Provincia de la Rioja.-

Superficie 30 hectáreas.-

5.2.30. Cantera San Francisco XVIII. Expte. D.P.M.: 9503 - O - 88.-

UBICACION E INFRAESTRUCTURA:

Cantera de granito negro, ubicada en Distrito Tama, Departamento Angel Vicente Peñaloza, Provincia de la Rioja.- Superficie 30 hectáreas.-

5.2.31. Cantera San Antonio. Expte. *D.P.M.*: 9695 - R -90.-

UBCACION E INFRAESTRUCTURA:

El yacimiento se ubica al Sudeste del Puesto denominado San Antonio del Distrito Punta de Los Llanos del Departamento Angel Vicente Peñaloza, Provincia de la Rioja. Se accede por el camino que va a la Cantera Aguas Negras y el lugar donde se encuentra la Estación Sismológica del INPRES, se desvía a la izquierda por una Quebrada hasta llegar a la cantera.-

5.2.32. Cantera El Alcazar. Expte. *D.P.M.*: 363 - G -41.-

UBICACION E INFRAESTRUCTURA:

Distrito Alcázar, población más cercana Tama.-

CARACTERISTICAS ORNAMENTALES:

Granito negro.-

RESERVAS:

Superficie total de la cantera: 405 hectáreas.-

Figura 27. Cantera Alcázar. Vista panorámica de los afloramientos de granito Negro" a la izquierda del camino de acceso.

Figura 28. Cantera Alcázar. Frente Nº 1, Se aprecia la cubierta con bloques de 0,50 m a 1 m de diámetro. El color es más oscuro y se debe a una pátina de óxidos.

Figura 29. Cantera Alcázar. Uno de los frentes más trabajados. La fracturación natural (lisos) da bloques planos, entre 1,50 a 2 m^3.

5.2.33. Cantera San Miguel. Expte. *D.P.M.*: 3426 - C - 62.-

UBICACION E INFRAESTRUCTURA:

Distrito Tuizon, Departamento Angel Vicente Angel Vicente Peñaloza, Provincia de La Rioja.-

CARACTERISTICAS ORNAMENTALES:

Granito negro.-

5.2.34. Cantera La Federal. Expte. *D.P.M.*: 9541 - P - 88.-

UBICACION E INFRAESTRUCTURA:

Esta cantera se ubica en el Departamento Angel Vicente Peñaloza, en la parte central Sur de la Provincia de La Rioja.-

Las poblaciones más cercanas son Punta de Los Llanos a 30 Km. al Norte, y Tama (cabecera del Departamento) a 12 km. al Sur, accediendo al área de la cantera, desde aquellas, a través de la Ruta Provincial N° 29 y el camino Tala - El Alto, las que no están pavimentadas pero que generalmente se encuentran en buen estado de transitabilidad.-

RECURSOS:

En la zona existen algunas vertientes de escaso caudal. También hay algunos ejemplares de algarrobos y quebrachos que podrían ser útiles para la explotación de la cantera.-

CLIMA:

Es de tipo Continental seco, con escasas precipitaciones, solamente en los meses de Diciembre y Enero.-

GEOLOGIA:

Las unidades litoestratigráficas presentes son lo que se denominan el basamento cristalino de las Sierras Pampeanas del Sureste de la Provincia de La Rioja. El relieve consiste en bloques suaves subredondeados con disyunción catafilar, configurando así un típico relieve granítico.-

Los afloramientos están limitados hacia el occidente por depósitos eólicos removilizados por agentes fluviales.-

El tipo litológico ígneo predominante en el área de la cantera corresponde a un monzogranito biotípico, comercialmente granito rojo.-

A pesar que el material presente fuertes efectos de cataclasis, la recristalización desarrollada permite conservar las características físico mecánicas de la roca, aceptables para el uso ornamental.-

CARACTERISTICAS ORNAMENTALES:

Granito rojo.-

RESERVAS:

Probadas:................................. 39.793,16 m^3.-

Probables:................................ 28.363,08 m^3.-

Inferidas: .... 14.181,55 m^3.-

PROYECTO DE EXPLOTACION:

Método tradicional de Frentes Escalonados, con desprendimiento de bloques, movimiento de ellos y finalmente recuadre.-

MERCADO:

Los principales se ubican en Capital Federal y Gran Buenos Aires.-

5.2.35. Cantera Del Rosario. Expte. *D.P.M.*: 8927 - B - 84.-

UBICACION E INFRAESTRUCTURA:

Esta cantera se ubica en el Distrito Chila del Departamento Angel Vicente

Peñaloza en la Provincia de La Rioja, sus coordenadas geográficas son: 30° 26´de Latitud Sur y 66° 32´de Longitud Oeste.-

El acceso se realiza a partir de la Ciudad de la Rioja por la Ruta Nacional N° 38, hasta la Localidad de Punta de Los Llanos donde se toma la Ruta Provincial N° 29, hasta la Localidad de Tuizón, desde allí y a 2,5 Km. antes de llegar a Chila se toma una huella hacia la izquierda por 250 m. hasta el pie de la cantera.-

La población de cabecera del Departamento es Villa del Rosario de Tama, con comisaría, escuela, almacenes, motel, etc., siguiendole en importancia Punta de Los Llanos, Alcázar, Chila y Tuizón.-

Existen además numerosos puestos y estancias distribuidas en Los Llanos Riojanos. Es de hacer notar la cercanía de este yacimiento a la Ruta y a las Localidades principales.-

RECURSOS:

La principal actividad de la región es la crianza de ganado bovino y caprino siendo muy escasa y restringida la actividad agrícola, circunscripta a sectores cercanos a la población y puestos.-

Los arroyos de la zona son de régimen temporario ha excepción de dos Quebradas la de Chila y de Tuizón que permanecen todo el año con aportes fluvial, con caudales de acuerdo a la época.-

Se pueden encontrar ejemplares de quebracho y algarrobo.-

CLIMA:

Es de tipo Continental semidesértico, con temperaturas que oscilan entre pocos grados en Invierno (-5° C. a -7° C.) y muy altas en Verano (46° C. a 47° C.), teniéndose como temperaturas medias de Invierno alrededor de los 10° C. y 26° C. en Verano.-

Las precipitaciones son escasas y difícilmente superen los 400 mm. anuales.-

GEOLOGIA:

En la región se pueden distinguir dos sectores morfológicos el Llano y la Montaña.-

La montaña esta representada por la unidad orográfica Sierra de Los Llanos y el llano por la zona llamada Los Llanos Riojanos, que no es homogénea puesto que existen depósitos terciarios que le dan un aspecto irregular.-

La Sierra de Los Llanos va aumentando su altura desde el Norte hacia el Sur, y desde el Oeste al Este, alcanzando una altura sobre el nivel del mar de 900 m..-

Las rocas aflorantes en la zona de la cantera y aledañas pertenecen a la formación Chepes del basamento cristalino precarbónico.-

El yacimiento se encuentra dentro de la Sierra de Los Llanos, de la unidad morfoestructural Sierras Pampeanas.-

Las unidades estratigráficas representadas en la zona responden a un basamento integrado por metamorfitas de la formación Olta, las dioritas, gabros, tonalitas de la formación Tama y las tonalitas y granodioritas de la formación Chepes.-

De acuerdo a lo que se observa superficialmente, la cantera presenta cuerpos muy potentes (tienden a formar bancos), existiendo sectores de fácil acceso y desniveles que permiten una apropiada extracción de bloques comerciales, con el menor descarte posible y sin descarpe superficial.-

CARACTERISTICAS ORNAMENTALES:

Las muestras de esta cantera se pueden clasificar como granodiorita, a su vez gracias a la presencia de sus componentes minerales podemos decir que estamos en presencia de una roca sumamente estable al medio y aún en las condiciones más agresivas y más en el caso del granito rosado tonalidad que esta dada por el cuarzo, muy diferente a otras rocas comerciales de este tipo en que el color rosado o rojo es consecuencia del feldespato potasio.-

El material se clasifica comercialmente como grano rosado obispo y granito rosado oscuro (petrográficamente granodiorita y granodiorita migmatitica), con textura de grano mediano, coloración rosada, ausencia de venillas de cuarzo e inclusiones de materiales (xenolitos), lo que le da una homogeneidad casi total,-

RESERVAS:

Positivas:...............................815.383 m³.-

Probables:..............................910.526 m³.-

PROYECTO DE EXPLOTACION:

Sin datos.-

MERCADO:

Los principales se ubican en Capital Federal y Gran Buenos Aires.-

5.2.36. Canterta La Gloria. Expte. *D.P.M.*: 7663 - CH - 79.-

UBICACION E INFRAESTRUCTURA:

Esta cantera esta ubicada en el Distrito Alcazar Departamento Angel Vicente Peñaloza, Provincia de la Rioja, con coordenadas geográficas 30º 17´ de Latitud Sur y 66º 30´ de Longitud Oeste.-

Desde la Capital de la Provincia se toma la Ruta nacional Nº 38 hasta la Localidad de Punta de Los Llanos, desde aquí se accede a la Ruta Provincial Nº 29, llegando luego de 20 Km. a una huella a la izquierda (punto indicado por un bloque de granito negro), por dicha huella se recorre 5 Km. y se llega al puesto de Rufino Vargas, desde donde se parte hacia el Este y al cabo de 2 Km. se llega a la cantera.-

La población más cercana es Tama, cabecera Departamental, con escuela, hospital, policía, etc., luego siguen en importancia Punta de Los Llanos (sobre la Ruta Nº 38) y con estación de ferrocarril, y a lo largo de la Ruta Nº 29, hacia el Sur se encuentran Alcazar, Tuizón, Chila además de puestos y estancias.-

RECURSOS:

Existen en la zona algunas vertientes de escaso caudal y también ejemplares de quebrachos y algarrobos, que podrían utilizarse.-

CLIMA:

Es de tipo Continental seco, con lluvias escasas, circunscriptas a los meses de Verano y permite una actividad extractiva durante todo el año.-

GEOLOGIA:

En la comarca aflora la facie normal de la formación Chepes (tonalitas, granodioritas y migmatitas rosadas y grises oscuras) y rocas de la formación Olta (esquistos, micasitas, y metacuarcitas). En la cantera afloran cuerpos de dioritas hornblendiferas, conocidas como granito negro y atribuidas por los investigadores a la formación Tama.-

La roca de interés es de muy buena calidad, de grano fino, esporadadicamente aparecen finos diques de cuarzo (hilo de los canteristas) y concentraciones de minerales ferromagnesianos (carbón de los canteristas).-

CARACTERISTICAS ORNAMENTALES:

El yacimiento en general presenta una roca de color oscuro, de grano mediano a pequeño, con una textura uniforme (textura granular hipoautomaria muy tenaz).-

Observando la superficie de la roca, presenta una patina que solo tiene presencia como delgada capa de milímetros, pero al sacar una muestra fresca se ve el color propio del granito negro.-

Los minerales presentes son plagioclasa, hornblenda y biotita, y como componente importante el cuarzo apareciendo frecuentemente opaco.-

La roca se clasifica como gabro hornbléndico.-

RESERVAS:

Totales : 1.185.872,5 m^3.-

PROYECTO DE EXPLOTACION:

La característica de este yacimiento hace necesario su explotación a cielo abierto buscando la ejecución de frentes escalonados en sentido transversal y longitudinal a la dirección de avance proyectada, logrando de esta manera una buena liberación de las tensiones en la roca, facilitando el desprendimiento de los bloques en cada frente.-

Mediante el avance en sentido transversal a la dirección de la explotación se obtiene una cara lateral, por lo que durante toda la ejecución deberá trabajarse con tres caras libres en los niveles a proyectarse (techo y dos caras laterales), teniéndose en cuenta previamente al arranque del bloque, la posición de la diaclasas a los efectos de una mayor recuperación del mismo fundamentalmente cuando tengan que hacerse el recuadre (consecuencia de las diaclasas secundarias).-

MERCADO:

Se ubica principalmente en Capital Federal y Gran Buenos Aires.-

5.2.37. Cantera El Negro. Expte. *D.P.M.*: 8926- B- 84.-

UBICACION E INFRAESTRUCTURA:

Esta cantera al costado de la Ruta Provincial Nº 30, a 34 Km. de Punta de Los Llanos, en el faldeo occidental de la Sierra de Los Llanos.-

El sector de la cantera se halla dentro del distrito Chila del Departamento Angel Vicente Peñaloza, Provincia de La Rioja.-

Se accede desde Punta de Los Llanos por la Ruta Provincial Nº 29, hasta El Alto, lugar donde se bifurca el camino, el ramal derecho sigue siendo la Ruta P. Nº 29, el izquierdo la Ruta P. Nº 30, por este último hacia el sur a 7 Km. se encuentra Tuizón y 1 Km. después se llega a la cantera.-

Las poblaciones más cercanas son Tuizón a 1 Km. al Norte y Chila a 2 Km. al Sur. A 8 Km. al Sur se halla Tama, cabecera departamental con hospital, colegios, almacenes, talleres, hospedajes, comisaría y otros servicios.

Otra localidad importante es Punta de Los Llanos a 34 Km. al Norte de la cantera, cuenta con Estación de Servicios, teléfono, Estación de Ferrocarril, etc.-

RECURSOS:

Agua: Dentro de la cantera, en la Quebrada de Doña Manuela, se encuentra un sector con Vertientes que con pequeñas obras podrían abastecer al futuro campamento.-

Madera: Existen en el lugar especies como algarrobo, quebracho, mistol y garabato que podrían ser de utilidad.-

CLIMA:

La zona fué clasificada como de tipo árida por Galmarini y Raffo (1.963). Las lluvias son escasas y limitadas a los meses de Verano.-

GEOLOGIA:

En ésta área afloran rocas ígneas y metamórficas del precámbrico y sedimentarias del paleozoico y terciario y también sedimentos sueltos del cuartario. La roca de esta cantera es una diorita, perteneciente a la formación Chepes.-

Se presenta en le terreno con un estructura masiva con bloques de aristas redondeadas en las partes altas de las Lomas configurando el típico paisaje granítico.-

CARACTERISTICAS ORNAMENTALES:

La roca es de grano fino a mediano de coloración en un sector gris rosado y en otro rojo granado, de estructura masiva.-

RESERVAS:

Granito rojo:

Positivas:.................... 439.012,50 m³.-

Probables:.................... 63.673 m³.-

Granito gris:

Probables:.................... 177.950 m³.-

5.2.38. Cantera Difunta Correa. Expte. *D.P.M.*: 7428 - G - 78.-

NOMBRE: DIFUNTA CORREA.-

UBICACION E INFRAESTRUCTURA:

Esta cantera se encuentra en el Distrito Alcázar, del Departamento Angel Vicente Peñaloza en la Provincia de la Rioja, con coordenadas geográficas 30° 14´ de Latitud Sur y 66° 22´de Longitud Oeste.-

Figura 30. Cantera Difunta Correa. Entrada a labor principal

El acceso a la zona se realiza a partir de la Localidad de Punta de Los Llanos, donde se deja la Ruta Nacional Nº 38, y se toma la Ruta Provincial Nº 29. Llegando luego de 21 Km. a un desvío hacia la izquierda (punto indicado por una virgen hecha de granito negro), por dicha huella se recorren 6 Km. y se llega al Sur de la cantera, donde se pueden observar los destapes principales.-

La Localidad más importante es Tama con comisaría, escuelas, almacenes etc., siguiéndole Punta de Los Llanos, Alcázar, Chila y Tuizón, existen además numerosos puestos y estancias.-

Figura 31. Cantera Difunta Correa. Frente Principal.

Figura 32. Cantera Difunta Correa. Bloque cortado.

Figura 33. Cantera Difunta Correa. Bloques recuadrados de granito negro

RECURSOS:

La principal actividad de la región es la crianza de ganado bovino, ovino y caprino, siendo muy escasa y restringida la actividad agrícola. Dentro del Distrito Alcázar la ocupación de la población, aparte de la ganadería esta dada por la explotación del granito negro en pequeña escala y técnicamente rudimentaria.-

CLIMA:

Es de tipo Continental semidesértico, con temperaturas que oscilan desde los pocos grados en Invierno y hasta 40 y más en Verano, con precipitaciones escasas que difícilmente superen los 400 mm. anuales, habiendo una media de 250 mm., con una humedad relativa media anual del 50% y una presión 1.012 mb.-

GEOLOGIA:

La cantera se encuentra dentro de un área mayor en que se pueden distinguir dos sectores morfológicos: el Llano y la Montaña.-

La montaña esta representada por la unidad orográfica Sierra de Los Llanos y el Llano por la zona llamada Los Llanos Riojanos.-

La Sierra de Los Llanos va aumentando su altura desde el Norte hacia el Sur y desde el Oeste hacia el Este, alcanzando una altura máxima de 900 m. sobre el nivel del mar. Las rocas aflorantes en la zona de la cantera y sus aledañas pertenecen a la formación Chepes y Olta del basamento cristalino del precámbrico, que podrían ser del paleozoico inferior, puesto que en la región únicamente sedimentos carbónicos le supreyacen, no existiendo otra datación más precisa.-

Dentro de la pertenencia de la cantera, morfológicamente pude observarse hacia el Sur afloramiento de granito negro. La superficie de la cantera es igual a 22 ha. 6.251,99 m^3.-

CARACTERISTICAS ORNAMENTALES:

En general una patina oscura recubre a las rocas aflorantes en la cantera, por lo que recién al sacar una muestra fresca se observa el color oscuro natural del granito. Este tipo de roca luego de un pulido, adquiere un buen brillo, y da sensación de profundidad. Se clasifica a la roca como dioríta, hornblendífera, comercialmente granito negro.

RESERVAS:

Positivas: .... 939.960 m^3.-

Inferidas: .... 481.480 m^3.-

PROYECTO DE EXPLOTACION:

En bloques escalonados, el corte se realiza perforando taladros, tanto horizontales como verticales y la rotura o separación de los bloques usando pólvora negra, luego estos bloques se movilizan con una grúa tipo Derrick y finalmente se recuadran.-

MERCADO:

Capital Federal y Gran Buenos Aires.-

5.2.39. Cantera Lourdes. Expte. D.P.M.: 9641 - G - 90.-

UBICACION E INFRAESTRUCTURA:

Se ubica en el Distrito Paca Tala, Departamento Angel Vicente Peñaloza en la Provincia de La Rioja.-

El acceso se realiza a partir de la Localidad de Tama, cabecera departamental, luego de recorrer 28 Km. se llega a la Localidad de Paca Tala, y a 700 m. al Sureste de la misma y sobre la Ruta que lleva a la Localidad de La Chimenea, margen derecha se encuentra el afloramiento de granito negro.-

5.2.40. Cantera La Chilca. Expte. D.P.M.: 9549 - R - 88.-

UBICACION E INFRAESTRUCTURA:

Esta cantera se encuentra ubicada en el faldeo occidental, extremo Norte de la Sierra de Los Llanos a 700 m. sobre el nivel del mar.-

Se accede desde punta de Los Llanos ubicada sobre Ruta Nacional Nº 38, se toma hacia el Sur por la Ruta Provincial Nº 29, hasta el puesto El Alto, lugar donde se bifurca la Ruta. Se toma el ramal de la izquierda que va a Tama, a 2 Km. se llega a la huella minera de acceso a la cantera, ésta indicado este cruce con un bloque piramidal de granito negro.-

Las Localidades más importantes de la zona son : Punta de Los Llanos a 30 Km. al Norte de la cantera, cuenta con Estación de Ferrocarril, Estación Terminal de Omnibus, Estación de Servicios, teléfono, policía, Correo, Escuela y otros.-

Le sigue Tama (cabecera departamental), cuenta con Hostería, Hospital Regional, Sucursal del Banco de La Rioja, Policía y otros. Hay otras Localidades en la zona como Alcázar, Tuizón y Chila.-

RECURSOS:

Agua: A 200 m al Norte de la cantera existen Vertientes de agua de buena calidad.-

Madera: La provisión de ella no ofrece inconvenientes, pues es un abundante monte serrano, predominan los arbustos tipo garabato y tusca, pero también se encuentran especies como algarrobo y quebracho.-

CLIMA:

Según Galmarini y Raffo, ésa zona esta comprendida en la del tipo árido. Las precipitaciones son muy escasas y solo ocurren en los meses de Diciembre-Enero.-

GEOLOGIA:

Esta zona presenta lomas bajas, elongadas en sentido Noroeste - Sudoeste, separadas por Quebradas que presentan flancos abruptos. Los afloramientos en este caso pueden ser observados en profundidad.-

Se puede apreciar allí la coincidencia del rumbo de las lomas, con el de las fracturas, los cuerpos rocosos y filones que se alinean de igual manera. Resaltan en forma conspicua los afloramientos de granito negro, que tienden a formar bochones en las lomas.-

La roca granítica de la formación Tama que se denomina granito negro, presenta aquí características parecidas a las de otras canteras de la zona, salvo que aquí existe una marcada alineación de minerales, como la biotita, que se acentúa hacia los contactos, esto confiere una cierta esquistocidad a la roca que facilita la formación de bloques naturales planos de tamaño mediano a chicos, éstos aparecen en la parte superficial y hacia el núcleo la roca se hace más masiva y pierde poco a poco la alineación mineralógica. El resultado de ello es una mayor coherencia y dureza de la roca, situación favorable para la extracción de bloques de mayores dimensiones.-

CARACTERISTICAS ORNAMENTALES:

El color de ésta roca es gris oscuro, que ante el pulido toma un matiz más intenso casi negro.-

El tamaño del grano va de mediano a pequeño (de 1 a 2mm.).-

RESERVAS:

Positivas:....................3.776,25 m³.-

Probables:...................3.363,75 m³.-

5.2.41. Cantera La Chilca I. Expte. *D.P.M.*: 9612 - R - 89.-

UBICACION E INFRAESTRUCTURA:

Esta cantera de granito rosado, esta ubicada en el Distrito Tuizón, Departamento Angel Vicente Peñaloza, Provincia de La Rioja.-

Superficie 29 hectáreas.-

5.2.42. Cantera Ala De Mosca. Expte. D.P.M.: 4841 - M - 70.-

UBICACION E INFRAESTRUCTURA:

Cantera de granito negro, ubicada en Distrito Tama, Departamento Angel Vicente Peñaloza, Provincia de la Rioja.-

Superficie 30 hectáreas.-

5.2.43. Cantera Keops. Expte. D.P.M.: 9638 - M - 90.-

UBICACION E INFRAESTRUCTURA:

Esta cantera de granito negro se ubica en el Distrito Paca Tala, Departamento Angel Vicente Peñaloza, Provincia de La Rioja.-

Superficie 12 hectáreas.-

5.2.44. Cantera El Encuentro. Expte. D.P.M.: 9601 - C - 89.-

UBICACION E INFRAESTRUCTURA:

Esta cantera de granito rojo, esta ubicado en el Distrito El Carrizal, Departamento Angel Vicente Peñaloza.-

Superficie 30 hectáreas.-

5.2.45. Cantera La Esperanza. Expte. *D.P.M.*: 7427 - G - 78.-

UBICACION E INFRAESTRUCTURA:

Esta cantera de granito negro, esta ubicada en Distrito Alcazar, Departamento Angel Vicente Peñaloza, Provincia de La Rioja.-

Superficie 17 hectáreas.-

5.2.46. Cantera Los Caudillos. Expte. D.P.M.: 9542 - P - 88.-

UBICACION E INFRAESTRUCTURA:

Esta cantera de granito rojo obispo, esta ubicada en el Distrito Tama, Departamento Angel Vicente Peñaloza, Provincia de la Rioja.-

Superficie 30 hectáreas.-

5.2.47. Cantera Ragu. Expte. D.P.M.: 9540 - R - 88.-

UBICACION E INFRAESTRUCTURA:

Esta cantera de granito negro se encuentra en Distrito Punta de Los Llanos, Departamento Angel Vicente Peñaloza, Provincia de La Rioja.-

Superficie 30 hectáreas.-

5.2.48. Cantera Punta De Los Llanos IV. Expte. D.P.M.: 6119 - Y - 74.-

UBICACION E INFRAESTRUCTURA:

Esta cantera de granito negro, esta ubicada en el Distrito Punta de Los Llanos, Departamento Angel Vicente Peñaloza, Provincia de La Rioja.-

Superficie 25 hectáreas.-

5.2.49. Cantera Tuizon. Expte. D.P.M.: 4582 - M - 68.-

UBICACION E INFRAESTRUCTURA:

Esta cantera se ubica en el Distrito Alcazar, Departamento Angel Vicente Peñaloza, Provincia de La Rioja.-

Prácticamente no existen problemas de acceso, el mismo se realiza por medio de la Ruta Provincial Nº 29, a 27 Km. al Sur de Punta de Los Llanos, se desvía 1 Km. hacia el Este para llegar al yacimiento.-

Las poblaciones más cercanas son El Alto a 4 Km. al Norte y Tuizón 1 Km. al Sur, pero la más importante es Punta de Los Llanos que cuenta con Estación de Embarque del Ferrocarril, Estación de Servicios, Servicios de ómnibus, teléfono, Correo, Policía, Escuelas, Almacenes, etc.

RECURSOS:

Agua: En la zona de la cantera no existen recursos hídricos de posible aprovechamiento, la misma debe proveerse desde la vecina localidad de Tuizón.-

Madera: No tiene utilidad para los trabajos específicos de la cantera, pero si para el consumo interno, las especies arbóreas más comunes son algarrobo y quebracho.-

CLIMA:

De tipo Continental seco, con lluvias solamente en Verano y temperatura promedio anual de 18º C.-

GEOLOGIA:

La zona de la cantera presenta un relieve modelado sobre rocas cristalinas del basamento precámbrico. La topografía es relativamente suave, constituida por las pequeñas elevaciones que constituyen el Faldeo Oriental de la Sierra de Los Llanos.-

Las rocas características del lugar, están representadas por las magmatitas y metamorfitas que existen desde Punta de Los Llanos (al Norte), hasta los cordones de Ulapes y de Las Minas (al Sur), bajo la común denominación de Sierra de Los Llanos.-

En la constitución de la misma se incluyen las rocas graníticas y esquistos cristalinos de edad precámbrica y posteriormente fracturados y elevados por la orogenia terciaria. En el área de la cantera afloran rocas del precámbrico y recientes como: diorita - tonalita, granodiorita, aplitas y pegmatitas (precámbrico) y aluviones (cuartario).-

El afloramiento en cuestión a modo de un cuerpo alargado en sentido Este Oeste con una elongación de 120 m. aproximadamente, el ancho del mismo es variable a lo largo de su corrida, acuñandose hacia el Oeste.-

CARACTERISTICAS ORNAMENTALES:

Esta cantera presenta una roca de aplicación de composición diorítica - tonalítica, con un grano variable entre mediano a fino y estructura masiva, denominado granito negro.-

5.2.50. Cantera Santo Domingo. Expte. D.P.M.: 3838 - G - 65.-

UBICACION E INFRAESTRUCTURA:

Esta cantera de granito negro, se ubica en el Distrito Alcazar, Departamento Angel Vicente Peñaloza, Provincia de La Rioja, a 28 Km. de la Localidad de Punta de Los Llanos. El acceso se realiza a partir de Punta de Los Llanos por Ruta Provincial Nº 29, hasta el Km. 27, donde e bifurca, tomando el ramal de la izquierda que se dirige hacia el Noreste y al cabo de 4 Km. se llega a la cantera.-

RECURSOS:

La vegetación es de tipo monte, existen especies como : garabatos, tinticaco, visco, mistol, algarrobo, quebracho blanco y colorado, etc.-

El agua es escasa en la zona de la cantera, por lo que debe proveerse en la localidad de Tuizón.-

CLIMA:

Es de tipo Mediterráneo, con escasas precipitaciones anuales, templado y seco la mayor parte del año y bastante cálido durante el Verano. La altura sobre el nivel del mar es de 500 m..-

GEOLOGIA:

Dentro de los esquistos cristalinos paleozoicos emergen masas intrusivas graníticas que constituyen el elemento predominante, incluyendo los cuerpos dioríticos que nos ocupan, como parte preponderante de este detalle.-

La intrusión ácida granítica posterior a la diorita afectó a ese última denunciando una profunda compenetración de dicha roca pro el granito, en contactos amplios observándose con frecuencia nódulos dioríticos en la mas de roca digerida en zona de contacto.-

La estructura de la roca es holocristalina, de grano mediano a fino y textura masiva compacta.-

La característica más importante es que la diorita se presenta como cuerpos suspendidos dentro de intrusión granítica.-

CARACTERISTICAS ORNAMENTALES:

Granito negro.-

RESERVAS:

Estimadas: .... 15.000 m³.-

Superficie de la Cantera: .... 8 hectáreas.-

5.2.51. Cantera La Rene. Expte. *D.P.M.*: 4666 - G - 69.-

UBICACION E INFRAESTRUCTURA:

Esta cantera se ubica en el Distrito Alcázar del Departamento Angel Vicente Peñaloza, Provincia de La Rioja. Prácticamente no existen problemas de acceso, se puede llegar a la cantera desde la Ruta Provincial Nº29, desviando hacia el Sur de Punta de Los Llanos, por 5 Km. y luego hacia el Este por 1 Km., a través de un camino vecinal.-

La población más cercana es Punta de Los Llanos inmediatamente al Norte con 500 habitantes.-

RECURSOS:

Agua: En la zona de la cantera los recursos hídricos no tienen la suficiente importancia como para aprovecharse en los consumos del yacimiento.-

Madera: Sin utilidad para los trabajos específicos de la cantera, pero si para el consumo interno, las especies arbóreas presentes y más adecuadas para este fin son algarrobo y quebracho.-

CLIMA:

Es de tipo Continental seco, con lluvias solamente en Verano.-

GEOLOGIA:

La entidad orográfica predominante esta representada por el grupo de Serranías conocidas bajo la común denominación de Sierra de Los Llanos.-

Existen afloramientos de plutonitas típicas de las Sierras Pampeanas, en ellas se incluyen granitos y demás rocas asociadas (dioritas, tonalitas, etc.). La edad de ellas se ubica en el precámbrico, las cuales fracturadas regionalmente ascendieron a los niveles positivos actuales, mediante los movimientos orogénicos del ciclo andino.-

La roca de aplicación que nos ocupa se conoce comercialmente como granito negro, geológicamente se trata de una roca holocristalina, fanerítica, de grano fino y compuesta por cuarzo, feldespato (calcosódico), y considerable cantidad de minerales mafíticos (biotita y amfiboles) que le dan la tonalidad oscura

CARACTERISTICAS ORNAMENTALES

Granito negro.-

RESERVAS:

Positivas: ....54.392 m³.-

Superficie Total: ....30 hectáreas.-

5.2.52. Cantera San Luis. Expte. *D.P.M.*: 3837 - Y - 65.-

UBICACION E INFRAESTRUCTURA:

Esta cantera esta ubicada en el Distrito Alcázar del Departamento Angel Vicente Peñaloza, Provincia de La Rioja. En el extremo Norte y faldeo occidental de la Sierra de Los Llanos. Se encuentra conectada a Punta de Los Llanos a través de la Ruta Provincial Nº 29, por ella se transitan 21 Km. y luego por una huella minera 6 Km. más hasta la cantera.-

Esta es la localidad más importante cercana a la cantera y cuenta con Estación de Ferrocarril, Estación de servicios, Escuelas, Policía, Servicios de omnibus, teléfono, Correo, Almacenes, etc.- Le siguen en importancia Tama, ubicada a 23 Km. al Sur, existiendo en ese trayecto localidades pequeñas como Alcázar, Tuizón y Chila.-

RECURSOS:

Existen en la zona algunos ojos de agua de los cuales se podría disponer para las necesidades de la cantera, también ejemplares de algarrobos y quebrachos.-

CLIMA:

Es de tipo Continental seco, con lluvias solamente en Verano.-

GEOLOGIA:

El granito negro de esta cantera es de similares características al de la "Difunta Correa" y "Don Oreste", constituyendo el extremo septentrional del stock granítico que comprende a aquellas canteras.-

El granito negro no se manifiesta en forma continua, rocas metamórficas del basamento cristalino y filones pegmatítico-aplíticos, interrumpen o enmascaran la continuidad de aquel.-

El material que se presenta es una tonalita con biotita y honblenda. Su coloración es gris oscura en bruto y negro en superficies pulidas de estructura masiva, formando bochones redondos en superficie.-

Existe una manifiesta tendencia a una erosión catafilar que da como resultado un típico paisaje granítico.-

CARACTERISTICAS ORNAMENTALES:

Granito negro, textura equigranular, estructura maciza, con composición: plagioclasa, hornblenda, biotita y cuarzo.-

RESERVAS:

Probables:..............................34.100 m³.-

Inferidas: ....19.000 m³.-

Superficie: ....19 hectáreas.-

PROYECTO DE EXPLOTACION:

Abierto el frente de Explotación, se delimitan los bloques mediante una seria de perforaciones horizontales y verticales. Para estas perforaciones se emplean columnas de avance neumático, sobre las cuales se montan perforadoras de roca que utilizan barrenas hexagonales de 7/8 ´´ entre caras por 108 mm. en largos de : 400 mm., 800 mm., 1.600 mm., 2.400. y 3.600 mm.-

Los bloques se cortan posteriormente con un soplete que funciona gasoil y aire comprimido, este permite una profundidad de penetración de hasta 4,5 m., con un ancho del orden de 7 cm. y velocidad de corte en granito de 1,5 a 2 m. por hora. Eventualmente pueden utilizarse explosivos (pólvora negra), pero su empleo aumenta el riesgo de fracturas no deseadas.-

La movilización del bloque se inicia mediante el empleo de gatos neumáticos (desbancadores).-

El bloque ya liberado se transporta posteriormente con una grúa tipo Derrick de 20/25 toneladas de carga, con un brazo de 30 m.- En su nueva localización el bloque es finalmente recuadrado utilizando perforadoras neumáticas livianas y herramientas menores.-

La extracción se completa mediante el empleo de una pala mecánica de 1,7 m³, para remover el material de descarte

5.2.53. Cantera El Gabro De Los Geologos. Expte. D.P.M.: 9482 - V - 88.-

UBICACION E INFRAESTRUCTURA:

El yacimiento esta localizado en el faldeo N-W de la Sierra de Malanzán, Distrito Las Aguaditas Departamento Angel Vicente Peñaloza en la Provincia de La Rioja.-

Se accede al mismo desde la ciudad de La Rioja hacia el sur por la Ruta Nacional Nº 38 hasta Punta de Los Llanos, desde donde se toma la Ruta Provincial Nº29, en cuyo Km. Nº49 se sigue una huella hacia el este por 1,5 Km. hasta arribar a un pozo de balde del que el yacimiento se encuentra a 600 m al SE.-

Tama, la cabecera del Departamento esta a 19 Km. de la cantera, tiene mas de 500 habitantes, hospital, escuela etc..-

Punta de Los Llanos esta a 50 Km. al Norte Tiene mas de 400 habitantes, ferrocarril, teléfono, correo, almacenes etc. Las Aguaditas esta a 8 Km. al Sur, tiene cerca de 100 habitantes.

RECURSOS:

Energía Eléctrica: paralelo a la Ruta Provincial Nº 29,y a escasos 2000 m de la cantera, en línea recta pasa una línea de 33 KW.-

Agua: A 500 m., existe un pozo de balde muy ligeramente salobre, de excelente potabilidad para la comarca. A solo 100 m. del cuerpo básico, la Quebrada que los bisecta desemboca al llano, formando un cono de deyección que en su zona proximal y mediante perforaciones pocas profundas (menos de 30 m.) permitirían captar aguas subterráneas, con caudales próximos a los 10 m³ / h.-

Madera y Leña: Abundan en la zona del yacimiento.-

CLIMA:

Es de tipo Continental seco, con escasas precipitaciones restringidas al estío, sin ofrecer ninguna dificultad para el trabajo minero permanente.-

GEOLOGIA:

Las rocas predominantes de la comarca son tonalitas biotiticas de la formación Chepes. En el paraje hay un cuerpo elongado según el rumbo 135° de 500 m. de corrida vertical, con una potencia media de 40 m. de gabro uralitico piroxenico, que comercialmente se tipifica como granito Negro Riojano.-

En afloramiento el gabro es una roca fresca, negra a gris negra, de grano fino y homogéneo, recubierta de una patina de barniz del desierto y mostrando tinción limonítica superficial.-

CARACTERISTICAS ORNAMENTALES:

Granito Negro Riojano.-

RESERVAS:

Positivas: ....809.000 m^3.-

Inferidas: ....600.000 m^3.-

Superficie: ....30 hectáreas.-

PROYECTO DE EXPLOTACION:

El caso particular de esta cantera, por su excelente ubicación, proximal al tendido eléctrico, se justifica plenamente el uso de la energía eléctrica en la impulsión de grúas, vagones y puentes grúas, que evitarán muchas horas/hombre de trabajo y ahorro en combustibles para el acarreo de bloques. Con idéntica impulsión podrían funcionar los compresores, guinches y columnas de avance.-

El recuadre y formatizado de los bloques puede y debe hacerse con hilo helicoidal, que ya hace varias décadas es usado en canteras de otros países.-

5.3. Departamento General Ortiz De Ocampo

5.3.1. Cantera Anzulón VIII. Expte. D.P.M.: 6 5 6 0 - Y - 7 5 .-

UBICACION E INFRAESTRUCTURA:

La cantera se encuentra ubicada en el Distrito Anzulón del Departamento General Ocampo. Se accede a la misma desde la Ruta Provincial N° 79, por el desvió al Dique de Anzulón, que parte entre las Localidades de Olpas y Catuna, a partir del Dique y a 2 Km. por el camino a Malanzán, se localiza la pertenencia sobre mano derecha.-

RECURSOS:

Se cuenta con los recursos naturales necesarios y con poblaciones próximas para el abastecimiento mínimo adecuado en lo referente a proveduría, mecánica ligera, sanidad y educación.-

CLIMA:

Continental Semi Desértico con temperatura media anual de 19 ° C. y 250 mm. de precipitaciones, que permite desarrollar tareas en toda época del año. La faz hidrográfica es de relativa pobreza y se cuenta con un único curso permanente, el Río Anzulón en las cercanías de la cantera. La Orografía es la correspondiente al faldeo oriental de la Sierra de los Llanos.

En el sector Sur del Yacimiento se presentan lomadas de pendientes suaves, aumentando los desniveles hacia el Norte de la pertenencia.-

GEOLOGIA:

El área de estudio ésta constituida por la formación Chepes, de edad precámbrica. Son tonalitas y Granodioritas en partes Migmatíticas y en sectores Porfíroideas. Las tonalitas biotíticas son intruidas por diques leucograníticos con facies aplopegniatiticas, correspondientes al Granito Las Asperezas de edad Precámbrica, aflorante en el cuadrante Noroeste del área. Cabe destacarse un fenómeno de feldespatización difusa (microclinación), sobre las tonalitas, que acompaña el emplazamiento de los mencionados diques.-

CARACTERISTICAS ORNAMENTALES:

Hay zonas amplias donde se observa la tonalíta muy fresca y que se reconoce como Granito Gris Rosado. En general una patina más oscura recubre a las rocas aflorantes en la zona por lo que recién al sacar una muestra fresca, ésta toma el color característico rosado.-

Al hacerse un pulido adquiere buen brillo y da sensación de profundidad por la transferencia de algunos de los minerales constituyentes

RESERVAS:

Volumen total de reservas indicadas:.................. 470.384 m^3.-

Volumen total de reservas inferidas:.................. 319.91 0 m^3.-

PROYECTO DE EXPLOTACION:

Dentro de la pertenencia de esta cantera resalta morfológicamente a simple vista dos mogotes, uno ubicado en el sector Sudeste de la misma y otro en el sector Noroeste, los cuales presentan una rosca fresca y diaclasada. Dimensionando bloques que alcanzan hasta 8 m^3 de volumen.

El primero de los mogotes mencionados sería el lugar ideal para comenzar una futura explotación ya que su cercanía a la Ruta (500 mts. aproximadamente), hace más fácil su acceso.-

MERCADO:

Potencialmente bueno, se ubica en Capital Federal y Gran Buenos Aires.-

5.3.2. Cantera San Nicolas. Expte. D.P.M.: 9869 - P - 93.-

UBICACION E INFRAESTRUCTURA:

Esta cantera de Granito Rosado se ubica en el Distrito Los Alanices, departamento General Ocampo - La Rioja.-

5.3.3. Cantera San Juan. Expte. *D.P.M.*: 9629 - D - 90.-

UBICACION E INFRAESTRUCTURA:

La Cantera San Juan se ubica en el distrito El Cienego, departamento General Ocampo - La Rioja.-

Distante 26 Km. al Sur de la localidad de Olta, y a 1,2 Km. al Noroeste de la Cantera San Nestor. Se llega por la Ruta Nacional N' 79, pavimentada, en el Km. 1. 184, se desvía hacia el Oeste y por una huella en regular estado de conservación al cabo de 500 m.-

RECURSOS:

A la vera la Ruta Nacional N° 79, corre una Línea de Alta Tensión, este servicio deberá considerarse para abastecer las necesidades de la cantera. -

No se dispone en la Zona de suministro de agua potable, las necesidades de consumo, deberán ser abastecidas desde las poblaciones próximas.-

Se dispone de leña producto de la variada vegetación que cubre toda la superficie de la cantera.-

No existe en el sector infraestructura que pueda ser destinada a Campamentos o Depósitos de Herramientas y Equipos.-

Se dispone de servicio telefónico, postal, educacional, hospitalario y de policía, en las localidades de Olta a 26 Km. al Norte y Catuna a unos 10 Km. al Sur. -

Servicios Bancarios, sanitarios y hotelería son más completos en la Ciudad de Chamical 54 Km. al Norte. Abastecimiento de combustibles y proveedora en las mismas localidades. -

CLIMA:

Es de tipo continental seco con veranos muy calurosos, con una temperatura media anual de 20°C, no existiendo impedimentos climáticos para el trabajo durante todo el año.-

GEOLOGIA:

El marco geológico de la cantera forma parte del ambiente geológico de las Sierras Pampeanas. Emplazada en el Sistema Sudeste del Faldeo Oriental de las Sierras de Los Llanos.-

Las formaciones geológicas aflorantes en el área corresponden a unidades del basamento cristalino precámbrico, estratos sedimentarlos del paleozoico y sedimentos indiferenciados cuartarios.-

De las 24 Has que abarca la cantera se denota las mayores alturas al Sur con una pendiente general hacia el Norte y Oeste, el relieve se caracteriza por la presencia de Tomadas bajas con desniveles que no pasan los 20 m respecto del terreno circundante. Estas elevaciones constituidas por bochones de granito violeta se distribuyen esporádicamente en el área, quedando separadas por depresiones poco profundas.-

CARACTERISTICAS ORNAMENTALES:

Se trata de un granito que megascopicamente se presenta con textura granuda pero con tendencia equigranular por el mayor desarrollo de los cristales de feldespato potásico (color salmón) que alcanza hasta 2,6 cm de longitud. Se presenta fresco y con brillo vítreo, el cuarzo es grisáceo con tintes violáceos confiriéndole este tono a la generalidad de la roca. El cuarzo constituye agregados de hasta 0,9 cm de largo, la plagioclasa es gris clara y se encuentra en menor proporción y tamaño que el feldespato con tamaños de hasta 0,7 cm de largo. La biotita de coloración casi negra esta distribuida en forma hornogénca, al igual que los otros minerales.-

El granito en los afloramientos en bochas se presenta masivo cohesivo y homogéneo e invariable, tanto areal como verticalmente. en cuanto a tamaño de grano y coloración.-

Las características petrográficas generales resultan favorables para su uso como roca ornamental. No presenta en principio un sentido preferencial de aserraje.-

RESERVAS:

Volumen de Reservas Positivas:......................2.893 m^3.-

Volumen de Reservas Probables:.....................186.216 m^3.-

PROYECTO DE EXPLOTACION:

Como resultado del estudio geológico, análisis petrográficos y ensayos físico-mecánicos efectuados, se determinó la aptitud de este granito como roca ornamental.-

Existen dos alternativas de explotación de la cantera: a) A partir de bochones y b) A partir de bancos masivos.-

MERCADO:

Potencialmente bueno, se ubica en los grandes centros urbanos del País. -

5.3.4. Cantera Santa Rosa. Expte. *D.P.M.*: 3634 - D - 63.-

UBICACION E INFRAESTRUCTURA:

Esta cantera esta ubicada en el distrito Olpas, departamento General Ocampo, La Rioja. Con coordenadas geográficas 31° 5´ de Latitud Sur y 66° de Longitud Oeste, la altura aproximada es de 50 m sobre el nivel del mar.-

El acceso se realiza por la Ruta Nacional N° 79, al llegar a la localidad de Olpas se toma por Ruta Provincial N° 31, que une esta localidad con Solca, luego de recorre 2,5 Km. y a unos 100m antes de llegar a la altura de la casa de la propietaria de la cantera, se toma una senda hacia el Sur, en regulares condiciones de transitabilidad y luego de 1.700m se llega a la cantera.-

Las poblaciones más cercanas son Olpas a 4,2 Km. con 300 habitantes, contando con su comisaría, servicio postal, escuela y sala de primeros auxilios. A 35 Km. al Sur se encuentra la localidad de Santa Rita de Catuna, con servicios más completos y unos 1.000 habitantes.-

RECURSOS:

Agua: En la cantera no hay agua, debiéndosela acarrear desde la localidad de Olpas.

Leña: En la zona existen buenos montes para cubrir las necesidades del campamento, hay buena cantidad de algarrobo blanco y negro, quebracho blanco y colorado.-

CLIMA:

Es de tipo continental seco con temperatura media anual de 20°C, no existiendo impedimentos para el trabajo durante todo el año.-

GEOLOGIA:

El ambiente geológico en el que se halla ubicada la cantera corresponde a la Sierra de Los Llanos, basamento cristalino compuestos por esquistos metamorfoseados, rocas graníticas y migmatitas precámbricas, areniscas rojo-amarillentas y lutitas pérmicas.-

CARACTERISTICAS ORNAMENTALES:

Macroscopicamente se caracterizan por ser una roca granuda, holocristalina con notable predominancia de biotita, estas se distribuye en forma irregular en toda la masa. El cuarzo de coloración rosada se presenta en mayor proporción que la biotita y los granos dan un aspecto de ser bastantes homogéneos. El feldespato también de coloración rosado se distribuye en forma irregular en toda la masa granítica.-

RESERVAS:

Volumen Total de Reservas Positivas: 15.943 m^3.-

5.3.5. Cantera Don Jose. Expte. *D.P.M.*: 9643 - Z -90.-

UBICACION E INFRAESTRUCTURA:

Al yacimiento se accede a mano derecha luego de transitar 10 Km. por la Ruta Provincial N° 21, desde el empalme con la Ruta Nacional N° 79, que une Olta con Catuna. Este acceso es transitable actualmente en vehículos unos 800 m, debiéndose hacerse el resto unos 2.000 m. aproximadamente a pie, hacia el Sudeste sobre terreno llano y cercado, de Títulos imperfectos.

Las poblaciones más cercanas y de relativa importancia son Olta a 45 Km. del yacimiento con hospital zonal, escuelas primarias y secundarias, teléfono, comisaría, estación de servicios, etc. y Catuna a 12 Km., con algunos servicios esenciales.-

En la Ciudad de Chamical distante 75 Km. por buena ruta pavimentada, se encuentran mejores servicios, actividad comercial y estación de Ferrocarril Belgrano.-

RECURSOS:

En la cercanía de la cantera no hay agua, salvo la que pudiera tomarse de las obras de canalización del cercano dique de Anzulón.-

Energía Eléctrica existe en la cercanía por una línea de alta tensión que pertenece a la red provincial y que va paralela a la Ruta Provincial N° 21.-

La presencia de un monte alto de quebrachos y algarrobos garantiza la provisión de leña para uso en el campamento y madera para la actividad extractiva.-

CLIMA:

Es de tipo continental semidesértico.-

GEOLOGIA:

El área de la cantera se encuentra en el denominado sector austral de las Sierras pampeanas, en extremo Sur de la Sierra de Los Llanos, originada por grandes facturas regionales de rumbo aproximado Norte - Sur y de bloques basculantes consecuentes.-

La roca se trata de una tonalita gris oscura de grano mediano a fino y uniforme distribución de sus componentes, relacionada a una invasión calco-sodica, con aportes de máficos, como biotita y hornblenda, con un relativo predominio de minerales félsicos, sin embargo le confiere un color gris oscuro casi negro que lo hace apto para el mercado. Otra roca importante por sus volúmenes se trata de un granito aplítico de color rosado fuerte, muy potente, en contacto neto con el cuerpo tonalítico hacia el Este, de grano fino y presente algunos fenocristales de biotita en forma de laminillas agrupadas.-

RESERVAS:

Positivo - Probables: 750.000m³.-

Posibles: 558.000m³.-

Recuperables: 92.600m³.-

PROYECTO DE EXPLOTACION:

Este proyecto reconoce dos etapas principales, una primera consistirá en abrir en dos o tres frentes de explotación previstos para la etapa segunda ya de franca explotación.-

MERCADO:

El producto final (bloques) sería comercializado en plantas industriales de Córdoba o Buenos Aires.-

5.3.6. Cantera Sagitario. Expte. *D.P.M.*: 9777 - S - 92.-

UBICACION E INFRAESTRUCTURA:

Este yacimiento se encuentra ubicado en el distrito Agua Colorada del departamento General Ortiz de Ocampo - La Rioja, a la altura del Km. 1.182, de la nueva Ruta N° 79, aquí se encuentra una tranquera (circulando de Norte a Sur a mano izquierda) que es la vía de acceso a dicho yacimiento, el que esta a unos 1.500m de la Ruta.-

5.3.7. Cantera Kefren. Expte. D.P.M.: 9639 - M - 90.-

UBICACION E INFRAESTRUCTURA:

Este yacimiento se encuentra ubicado en el paraje conocido como Agua Colorada, sobre Ruta Nacional N° 79, entre las localidades de Olpas y Catuna, del departamento General Ortiz de Ocampo - La Rioja.-

5.3.8. Cantera Geminis. Expte. *D.P.M.*: 9768 - M - 92.-

UBICACION E INFRAESTRUCTURA:

Este yacimiento se encuentra ubicado en distrito Agua Colorada, departamento General Ortiz de Ocampo - La Rioja, sobre la Ruta Nacional N° 79 vieja, entre las localidades de Olpas y Catuna.-

5. 3.9. Cantera Casa De Indios. Expte. D.P.M.: 9775 - L - 92.-

UBICACION E INFRAESTRUCTURA:

Este yacimiento se encuentra ubicado entre la localidad de Santa Rita de Catuna y el paraje denominado Agua Colorada, del departamento General Ortiz de Ocampo - La Rioja, sobre la antigua Ruta N° 79.-

5.3.10. Cantera Nacate I. Expte. D.P.M.: 9523 - C - 88.-

UBICACION E INFRAESTRUCTURA:

Esta cantera se halla ubicada en el distrito Nacate, departamento General Ocampo - La Rioja. Con coordenadas geográficas 30° 54' de latitud Sur y 66° 25' de longitud Oeste. El acceso a la misma se realiza a partir de la localidad de Chamical, estación de Ferrocarril más cercano donde se deja la Ruta Nacional N° 38, y se toma la Ruta Provincial N° 79, pavimentada, hasta la localidad de Olpas, recorriendo uno 72 Km. y dejando atrás las localidades de Olta, El Mollar y Bella Vista. Desde Olpas se toma la Ruta Provincial N° 31, en buen estado de transitabilidad y se recorren unos 20 Km. hasta llegar a una bifurcación del camino, desde este punto se desvía hacia la izquierda y se hacen unos 10 Km. más para llegar a Nacate, desde está localidad se continúa sobre el mismo camino 7 Km. y se llega hasta la cantera la que esta ubicada a ambos lados del camino.-

La localidad más importante en las cercanías es Nacate, ubicada a 7 Km. del yacimiento que cuenta con 500 habitantes, destacamento policial, escuela primaria y de nivel medio y servicio postal. Además existen los poblados de Mollaco y El Quemado ubicados a unos 4 Km. al Sur del yacimiento siguiendo el mismo camino que viene de Nacate.-

RECURSOS:

Agua: El escurrimiento superficial en general se insume totalmente bajo el lecho arenoso de los ríos, sin embargo el Río Nacate posee agua prácticamente todo el año y de el se provee la población para consumo y riego, por lo tanto para el consumo de explotación y uso del personal de la cantera se podría utilizar el agua de Nacate, que por otro lado posee una planta potabilizadora.-

Vegetación : Es xerófila y esencialmente arbustiva espinosa los arboles (quebrachos, algarrobos y chañares) son escasos y se circunscriben a las zonas bajas con mayo desarrollo de suelo.-

CLIMA:

El clima de la región es desértico, las precipitaciones anuales son del orden de los 200 mm. y las temperaturas medias son para el invierno entre 10° y 12°C ; y para el verano entre 24° y 26°C. Los vientos predominantes provienen del Este y Noreste.-

GEOLOGIA:

La litología aflorante que predomina en la región corresponde al denominado Basamento Cristalino de las Sierras Pampeanas del Sureste de la provincia de La Rioja.-

El cuerpo granítico objeto de estudio es asignado a la formación Chepes de la cual se reconocen dos de sus facies, la normal con granitos, granodioritas y monzogranitos de tonalidades grises a rosado, pasando por variedades intermedias; y la porfiroidea de color rosado oscuro. Como característica estructural de la región es notable el típico ambiente tectónico de fracturación en bloques, similar al resto de la morfología de las Sierras Pampeanas.-

El yacimiento presentaría dos variedades de roca en sentido comercial. Si tomamos la composición mineralógica y consecuentemente la variación de color, quedarían definidos los siguientes materiales: uno de color predominantemente beige a marrón claro y de composición granítica denominado Beige Nacate. Otro de tonalidades grises a violáceas azuladas y de composición también granítica pero algo menos ácido, por lo que estaría en transición a una granodiorita. Este último material se denomina Gris Azul acate. Cabe citar aquí que se observó una variedad del Beige Nacate del color marrón oscuro a rosado y de grano algo más grueso, de composición similar a este pero con un porcentaje mayor de biotita.-

CARACTERISTICAS ORNAMENTALES:

Este material de acuerdo a los ensayos físicos practicados se encuadran perfectamente para el uso como revestimientos de frentes pisos y mesadas, pulido adquiere una sensación de profundidad.-

RESERVAS:

Positivas Recuperables: 180.625 m^3.-

PROYECTO DE EXPLOTACION:

La minería del proyecto se define en base al objetivo de producción y esta en dirección directa con la demanda comercial, por lo que teniendo en cuenta las condicione geométricas estructurales del cuerpo, se establece la metodología de laboreo y la cantidad de equipo a utilizar para un desarrollo eficiente del yacimiento.-

La metodología de explotación consiste básicamente en una explotación a cielo abierto, con frentes escalonados en sentido transversal al sentido de avance y niveles de trabajo longitudinales según la misma dirección. La metodología de trabajo consiste en tres operaciones fundamentales: a) Desprendimiento de grandes mazos - b) Movimiento de mazos - c) Recuadre en bloque de material.-

MERCADO:

Potencialmente bueno se ubica en los grandes centros urbanos.-

5.3.11. Cantera Nacate II. Expte. *D.P.M.*: 9524 - C - 88.-

UBICACION E INFRAESTRUCTURA:

Esta cantera se halla ubicada en el distrito Nacate, departamento General Ocampo - La Rioja. Con coordenadas geográficas 30° 54' de latitud Sur y 66° 25' de longitud Oeste. El acceso a la misma se realiza a partir de la localidad de Chamical, estación de Ferrocarril más cercano donde se deja la Ruta Nacional N° 38, y se toma la Ruta Provincial N° 79, pavimentada, hasta la localidad de Olpas, recorriendo uno 72 Km. y dejando atrás las localidades de Olta, El Mollar y Bella Vista. Desde Olpas se toma la Ruta Provincial N° 31, en buen estado de transitabilidad y se recorren unos 20 Km. hasta llegar a una bifurcación del camino, desde este punto se desvía hacia la izquierda y se hacen unos 10 Km. más para llegar a Nacate, desde está localidad se continúa sobre el mismo camino 7 Km. y se llega hasta la cantera la que esta ubicada a ambos lados del camino.-

La localidad más importante en las cercanías es Nacate, ubicada a 7 Km. del yacimiento que cuenta con 500 habitantes, destacamento policial, escuela primaria y de nivel medio y servicio postal. Además existen los poblados de Mollaco y El Quemado ubicados a unos 4 Km. al Sur del yacimiento siguiendo el mismo camino que viene de Nacate.-

RECURSOS:

Agua: El escurrimiento superficial en general se insume totalmente bajo el lecho arenoso de los ríos, sin embargo el Río Nacate posee agua prácticamente todo el año y de el se provee la población para consumo y riego, por lo tanto para el consumo de explotación y uso del personal de la cantera se podría utilizar el agua de Nacate, que por otro lado posee una planta potabilizadora.-

Vegetación: Es xerófila y esencialmente arbustiva espinosa los arboles (quebrachos, algarrobos y chañares) son escasos y se circunscriben a las zonas bajas con mayo desarrollo de suelo.-

CLIMA:

El clima de la región es desértico, las precipitaciones anuales son del orden de los 200 mm. y las temperaturas medias son para el invierno entre 10° y 12°C ; y para el verano entre 24° y 26°C. Los vientos predominantes provienen del Este y Noreste.-

GEOLOGIA:

La litología aflorante que predomina en la región corresponde al denominado Basamento Cristalino de las Sierras Pampeanas del Sureste de la provincia de La Rioja.-

El cuerpo granítico objeto de estudio es asignado a la formación Chepes de la cual se reconocen dos de sus facies, la normal con granitos, granodioritas y monzogranitos de tonalidades grises a rosado, pasando por variedades intermedias; y la porfiroidea de color rosado oscuro. Como característica estructural de la región es notable el típico ambiente tectónico de fracturación en bloques, similar al resto de la morfología de las Sierras Pampeanas.-

El yacimiento presentaría dos variedades de roca en sentido comercial. Si tomamos la composición mineralógica y consecuentemente la variación de color, quedarían definidos los siguientes materiales: uno de color predominantemente beige a marrón claro y de composición granítica denominado Beige Nacate. Otro de tonalidades grises a violáceas azuladas y de composición también granítica pero algo menos ácido, por lo que estaría en transición a una granodiorita. Este último material se denomina Gris Azul acate. Cabe citar aquí que se observó una variedad del Beige Nacate del color marrón oscuro a rosado y de grano algo más grueso, de composición similar a este pero con un porcentaje mayor de biotita.-

CARACTERISTICAS ORNAMENTALES:

Este material de acuerdo a los ensayos físicos practicados se encuadran perfectamente para el uso como revestimientos de frentes pisos y mesadas, pulido adquiere una sensación de profundidad.-

RESERVAS:

Positivas Recuperables: 180.625 m³.-

PROYECTO DE EXPLOTACION:

La minería del proyecto se define en base al objetivo de producción y esta en dirección directa con la demanda comercial, por lo que teniendo en cuenta las condicione geométricas estructurales del cuerpo, se establece la metodología de laboreo y la cantidad de equipo a utilizar para un desarrollo eficiente del yacimiento.-

La metodología de explotación consiste básicamente en una explotación a cielo abierto, con frentes escalonados en sentido transversal al sentido de avance y niveles de trabajo longitudinales según la misma dirección. La metodología de trabajo consiste en tres operaciones fundamentales : a) Desprendimiento de grandes mazos - b) Movimiento de mazos - c) Recuadre en bloque de material.-

MERCADO:

Potencialmente bueno se ubica en los grandes centros urbanos.-

5.3.12. Cantera Nacate III. Expte. *D.P.M.*: 9525 - N - 88.-

UBICACION E INFRAESTRUCTURA:

Esta cantera se halla ubicada en el distrito Nacate, departamento General Ocampo - La Rioja. Con coordenadas geográficas 30° 54' de latitud Sur y 66° 25' de longitud Oeste. El acceso a la misma se realiza a partir de la localidad de Chamical, estación de Ferrocarril más cercano donde se deja la Ruta Nacional N° 38, y se toma la Ruta Provincial N° 79, pavimentada, hasta la localidad de Olpas, recorriendo uno 72 Km. y dejando atrás las localidades de Olta, El Mollar y Bella Vista. Desde Olpas se toma la Ruta Provincial N° 31, en buen estado de transitabilidad y se recorren unos 20 Km. hasta llegar a una bifurcación del camino, desde este punto se desvía hacia la izquierda y se hacen unos 10 Km. más para llegar a Nacate, desde está localidad se continúa sobre el mismo camino 7 Km. y se llega hasta la cantera la que esta ubicada a ambos lados del camino.-

La localidad más importante en las cercanías es Nacate, ubicada a 7 Km. del yacimiento que cuenta con 500 habitantes, destacamento policial, escuela primaria y de nivel medio y servicio postal. Además existen los poblados de Mollaco y El Quemado ubicados a unos 4 Km. al Sur del yacimiento siguiendo el mismo camino que viene de Nacate.-

RECURSOS:

Agua: El escurrimiento superficial en general se insume totalmente bajo el lecho arenoso de los ríos, sin embargo el Río Nacate posee agua prácticamente todo el año y de el se provee la población para consumo y riego, por lo tanto para el consumo de explotación y uso del personal de la cantera se podría utilizar el agua de Nacate, que por otro lado posee una planta potabilizadora.-

Vegetación: Es xerófila y esencialmente arbustiva espinosa los arboles (quebrachos, algarrobos y chañares) son escasos y se circunscriben a las zonas bajas con mayo desarrollo de suelo.-

CLIMA:

El clima de la región es desértico, las precipitaciones anuales son del orden de los 200 mm. y las temperaturas medias son para el invierno entre 10° y 12°C ; y para el verano entre 24° y 26°C. Los vientos predominantes provienen del Este y Noreste.-

GEOLOGIA:

La litología aflorante que predomina en la región corresponde al denominado Basamento Cristalino de las Sierras Pampeanas del Sureste de la provincia de La Rioja.-

El cuerpo granítico objeto de estudio es asignado a la formación Chepes de la cual se reconocen dos de sus facies, la normal con granitos, granodioritas y monzogranitos de tonalidades grises a rosado, pasando por variedades intermedias; y la porfiroidea de color rosado oscuro. Como característica estructural de la región es notable el típico ambiente tectónico de fracturación en bloques, similar al resto de la morfología de las Sierras Pampeanas.-

El yacimiento presentaría dos variedades de roca en sentido comercial. Si tomamos la composición mineralógica y consecuentemente la variación de color, quedarían definidos los siguientes materiales: uno de color predominantemente beige a marrón claro y de composición granítica denominado Beige Nacate. Otro de tonalidades grises a violáceas azuladas y de composición también granítica pero algo menos ácido, por lo que estaría en transición a una granodiorita. Este último material se denomina Gris Azul acate. Cabe citar aquí que se observó una variedad del Beige Nacate del color marrón oscuro a rosado y de grano algo más grueso, de composición similar a este pero con un porcentaje mayor de biotita.-

CARACTERISTICAS ORNAMENTALES:

Este material de acuerdo a los ensayos físicos practicados se encuadran perfectamente para el uso como revestimientos de frentes pisos y mesadas, pulido adquiere una sensación de profundidad.-

RESERVAS:

Positivas Recuperables: 180.625 m^3. -

PROYECTO DE EXPLOTACION:

La minería del proyecto se define basándose en el objetivo de producción y esta en dirección directa con la demanda comercial, por lo que teniendo en cuenta las condicione geométricas estructurales del cuerpo, se establece la metodología de laboreo y la cantidad de equipo a utilizar para un desarrollo eficiente del yacimiento.-

La metodología de explotación consiste básicamente en una explotación a cielo abierto, con frentes escalonados en sentido transversal al sentido de avance y niveles de trabajo longitudinales según la misma dirección. La metodología de trabajo consiste en tres operaciones fundamentales: a) Desprendimiento de grandes mazos - b) Movimiento de mazos - c) Recuadre en bloque de material.-

MERCADO:

Potencialmente bueno se ubica en los grandes centros urbanos.-

5.3.13. Cantera Nacate IV. Expte. D.P.M.: 9526 - N - 88.-

UBICACION E INFRAESTRUCTURA:

Esta cantera se halla ubicada en el distrito Nacate, departamento General Ocampo - La Rioja. Con coordenadas geográficas 30° 54' de latitud Sur y 66° 25' de longitud Oeste. El acceso a la misma se realiza a partir de la localidad de Chamical, estación de Ferrocarril más cercano donde se deja la Ruta Nacional N° 38, y se toma la Ruta Provincial N° 79, pavimentada, hasta la localidad de Olpas, recorriendo uno 72 Km. y dejando atrás las localidades de Olta, El Mollar y Bella Vista. Desde Olpas se toma la Ruta Provincial N° 31, en buen estado de transitabilidad y se recorren unos 20 Km. hasta llegar a una bifurcación del camino, desde este punto se desvía hacia la izquierda y se hacen unos 10 Km. más para llegar a Nacate, desde está localidad se continúa sobre el mismo camino 7 Km. y se llega hasta la cantera la que esta ubicada a ambos lados del camino.-

La localidad más importante en las cercanías es Nacate, ubicada a 7 Km. del yacimiento que cuenta con 500 habitantes, destacamento policial, escuela primaria y de nivel medio y servicio postal. Además existen los poblados de Mollaco y El Quemado ubicados a unos 4 Km. al Sur del yacimiento siguiendo el mismo camino que viene de Nacate.-

RECURSOS:

Agua: El escurrimiento superficial en general se insume totalmente bajo el lecho arenoso de los ríos, sin embargo el Río Nacate posee agua prácticamente todo el año y de el se provee la población para consumo y riego, por lo tanto para el consumo de explotación y uso del personal de la cantera se podría utilizar el agua de Nacate, que por otro lado posee una planta potabilizadora.-

Vegetación: Es xerófila y esencialmente arbustiva espinosa los arboles (quebrachos, algarrobos y chañares) son escasos y se circunscriben a las zonas bajas con mayo desarrollo de suelo.-

CLIMA:

El clima de la región es desértico, las precipitaciones anuales son del orden de los 200 mm. y las temperaturas medias son para el invierno entre 10° y 12°C ; y para el verano entre 24° y 26°C. Los vientos predominantes provienen del Este y Noreste.-

GEOLOGIA:

La litología aflorante que predomina en la región corresponde al denominado Basamento Cristalino de las Sierras Pampeanas del Sureste de la provincia de La Rioja.-

El cuerpo granítico objeto de estudio es asignado a la formación Chepes de la cual se reconocen dos de sus facies, la normal con granitos, granodioritas y monzogranitos de tonalidades grises a rosado, pasando por variedades intermedias; y la porfiroidea de color rosado oscuro. Como característica estructural de la región es notable el típico ambiente tectónico de fracturación en bloques, similar al resto de la morfología de las Sierras Pampeanas.-

El yacimiento presentaría dos variedades de roca en sentido comercial. Si tomamos la composición mineralógica y consecuentemente la variación de color, quedarían definidos los siguientes materiales: uno de color predominantemente beige a marrón claro y de composición granítica denominado Beige Nacate. Otro de tonalidades grises a violáceas azuladas y de composición también granítica pero algo menos ácido, por lo que estaría en transición a una granodiorita. Este último material se denomina Gris Azul acate. Cabe citar aquí que se observó una variedad del Beige Nacate del color marrón oscuro a rosado y de grano algo más grueso, de composición similar a este pero con un porcentaje mayor de biotita.-

CARACTERISTICAS ORNAMENTALES:

Este material de acuerdo a los ensayos físicos practicados se encuadran perfectamente para el uso como revestimientos de frentes pisos y mesadas, pulido adquiere una sensación de profundidad.-

RESERVAS:

Positivas Recuperables: 180.625 m^3.-

PROYECTO DE EXPLOTACION:

La minería del proyecto se define en base al objetivo de producción y esta en dirección directa con la demanda comercial, por lo que teniendo en cuenta las condicione geométricas estructurales del cuerpo, se establece la metodología de laboreo y la cantidad de equipo a utilizar para un desarrollo eficiente del yacimiento.-

La metodología de explotación consiste básicamente en una explotación a cielo abierto, con frentes escalonados en sentido transversal al sentido de avance y niveles de trabajo longitudinales según la misma dirección. La metodología de trabajo consiste en tres operaciones fundamentales: a) Desprendimiento de grandes mazos - b) Movimiento de mazos - c) Recuadre en bloque de material.-

MERCADO:

Potencialmente bueno se ubica en los grandes centros urbanos.-

5.3.14. Cantera Norale. Expte. *D.P.M.*: 9567 - E - 89.-

UBICACION E INFRAESTRUCTURA:

Esta cantera se encuentra ubicada al Sur de la localidad de Nacate, en el departamento General Ocampo - La Rioja. Se accede a la misma, desde la ciudad capital de La Rioja, por Ruta Nacional N° 38, hasta Punta de los Llanos, desde esta y por Ruta Provincial N° 29, hasta Malanzán, desde aquí hasta Nacate por Ruta Provincial en buen estado.-

Desde Nacate hacia el Sur, unos 4 Km. hasta la entrada al puesto El Barranco, donde se abre una huella hacia el Este, ubicándose la cantera a unos 1.500 m. del puesto. Resumiendo la cantera queda a unos 7 Km. de Nacate y 37 Km. de Malanazan.-

La población de Nacate cuenta con 500 habitantes, destacamento policial, servicio postal, escuela primaria y secundaria, etc.- El ferrocarril más cercano es Punta de los Llanos a 110 Km.-

RECURSOS:

Agua: El escurrimiento superficial es temporario y la mayoría de los arroyos se insume bajo los lechos arenosos. La mayoría de estos cursos llevan aguas salobres.

Deberá aprovisionarse en la localidad de Nacate el agua potable destinada al uso en el campamento.-

Vegetación: Predomina la vegetación de tipo xerófila, distinguiéndose especie de quebracho, algarrobo, molles, garabatos, jarillas, etc.-

CLIMA:

El clima de la región es desértico a semidesértico, llegando las precipitaciones medias anuales a 200 mm., las temperaturas medias son en invierno entre 10 y 12° C, y en verano 24 y 26° C. Predominan vientos del sector Este - Noreste.-

El clima permite el trabajo durante todo el año.-

GEOLOGIA:

El cuerpo granítico aflorante se encuentra enclavado en el basamento cristalino de la unidad geológica Sierras Pampeanas Nor-Occidentales, en el Sureste de la provincia de La Rioja. Pertenece al facie normal de la formación Chepes que se caracteriza por la presencia de granitos, granodioritas y monzograntitos, con tonalidades grises a gris rosados y una variedad rosado oscuro tipo porfiroideo.-

Además presenta las típicas inclusiones oscuras (composición básica) debido a los minerales ferromagnésicos y las inyecciones microgranīticas cuarzo - feldespáticas que intruyen al stock granítico tipo aplitico y pegmatítico.-

Desde el punto de vista de la estructura, la zona corresponde a ambientes caracterizados por bloques del basamento fallados y basculados.-

CARACTERISTICAS ORNAMENTALES:

Este material presenta una textura homogénea, tamaño de grano mediano, colores gris rosado a rojo, lo que le da el nombre comercial de granito rojo coralino.-

RESERVAS:

Volumen Total Positivo Recuperable: 148.234,6 m^3.-

PROYECTO DE EXPLOTACION:

La metodología de explotación consiste en trabajos a cielo abierto, con frentes transversales a la dirección de avance y niveles longitudinales, según la misma dirección. Las operaciones consisten en: desprendimientos de grandes mazos, movimiento y recuadre de bloques.-

MERCADO:

Potencialmente bueno, se ubica en los grandes centros urbanos.-

5.4. Departamento General Lamadrid

5.4.1. Cantera Anita. Expte. *D.P.M.*: 4679 - V - 69.-

UBICACION E INFRAESTRUCTURA:

La zona del yacimiento se localiza en el sector Nor-Occidental de la provincia de La Rioja, en el distrito Cerro La Gloria del departamento Gral. Lamadrid, en la confluencia de los ríos Potrero Grande y Guanacas Gorda, con coordenadas geográficas 29° 02' de latitud Sur y 67° 55' de longitud Oeste.-

Los accesos al lugar se realizan en parte en vehículos y en parte en animales mulares. Se parte desde Villa Castelli hacia el Este, hasta La Toma aproximadamente 10 Km., desde La Toma hasta el yacimiento por 17 Km., en partes por el cause del río y por zonas de niveles aterrazados en otros casos. La población más cercana es Villa Castelli, cabecera del departamento con 1.500 habitantes, hospital, policía, escuela primaria, secundaria y de nivel terciario, teléfonos, servicio postal y estación de servicios.-

RECURSOS:

Agua: Es factible de obtenerse durante todo el año del río Potrero Grande, en perfectas condiciones de potabilidad.-

Vegetación: Las especies más comunes son varilla, molle, pájaro bobo o suncho, cortadera, chaguar, ajenjo, etc.-

CLIMA:

Continental seco.-

GEOLOGIA:

Esta zona se ubica en el cordón montañoso, conocido como Cuchilla Negra. Dicha entidad ortográfica de rumbo general Submeridional, se extiende al Occidente de la Sierra de Famatina. El relieve en general es escarpado con numerosos cursos tributarios del colector mayor, que es el río Potrero Grande, desarrollando un sistema dentritico de valles.-

El yacimiento en si, se trata de precipitaciones de carbonato de calcio, bajo la forma de aragonita y calcita, determinando la formación de travertino en la mayor parte de los casos y de ónix en circunstancias aisladas.-

El primer caso constituye el grueso de las reservas, mientras que el ónix se circunscribe a delgadas capas intercaladas en los bancos de travertino, alcanzando hasta 0,80 m. de potencia.-

El espesor máximo de la formación travertinica supera los 30 m., especialmente en las partes centrales.-

Estos afloramientos se han originado por la precipitación de carbonato de cálcio a partir de soluciones bicarbonatadas cálcicas que han circulado a través de zonas de cizalla.-

CARACTERISTICAS ORNAMENTALES:

El materia por sus características presenta un tipo intermedio entre un travertino y un ónix, o sea se define, como travertino onizado, el color es muy variado según los lugares, es así como se presentan colores rosados, blanquecinos y verdosos predominantemente.-

RESERVAS:

Total Volumen Positivo Recuperable: 21.569 m³.-

PROYECTO DE EXPLOTACION:

Se trata invariablemente de labores a cielo abierto a modo de rajos en frentes de avance y en forma escalonada, aprovechando para ello la facilidad del material de ser separado en bancos de espesores constantes.-

El factor económico de mayor importancia lo representa el acceso al yacimiento, en el tramo de 17 Km. comprendido entre La Toma y la zona de las canteras, que por seguir el curso del río Potrero Grande, es destruido anualmente por las fuertes crecidas estivales.-

MERCADO:

Potencialmente bueno, se ubica en los grandes centros urbanos.-

5.4.2. Cantera Anita I. Expte. D.P.M.: 6078 - M - 74.-

UBICACION E INFRAESTRUCTURA:

La zona del yacimiento se localiza en el sector Nor-Occidental de la provincia de La Rioja, en el distrito Cerro La Gloria del departamento Gral. Lamadrid, en la confluencia de los ríos Potrero Grande y Guanacas Gorda, con coordenadas geográficas 29° 02' de latitud Sur y 67° 55' de longitud Oeste.-

Los accesos al lugar se realizan en parte en vehículos y en parte en animales mulares. Se parte desde Villa Castelli hacia el Este, hasta La Toma aproximadamente 10 Km., desde La Toma hasta el yacimiento por 17 Km., en partes por el cause del río y por zonas de niveles aterrazados en otros casos. La población más cercana es Villa Castelli, cabecera del departamento con 1.500 habitantes, hospital, policía, escuela primaria, secundaria y de nivel terciario, teléfonos, servicio postal y estación de servicios.-

RECURSOS:

Agua: Es factible de obtenerse durante todo el año del río Potrero Grande, en perfectas condiciones de potabilidad.-

Vegetación: Las especies más comunes son varilla, molle, pájaro bobo o suncho, cortadera, chaguar, ajenjo, etc.-

CLIMA:

Continental seco.-

GEOLOGIA:

Esta zona se ubica en el cordón montañoso, conocido como Cuchilla Negra. Dicha entidad ortográfica de rumbo general Submeridional, se extiende al Occidente de la Sierra de Famatina. El relieve en general es escarpado con numerosos cursos tributarios del colector mayor, que es el río Potrero Grande, desarrollando un sistema dentritico de valles.-

El yacimiento en si, se trata de precipitaciones de carbonato de calcio, bajo la forma de aragonita y calcita, determinando la formación de travertino en la mayor parte de los casos y de ónix en circunstancias aisladas.-

El primer caso constituye el grueso de las reservas, mientras que el ónix se circunscribe a delgadas capas intercaladas en los bancos de travertino, alcanzando hasta 0,80 m. de potencia.-

El espesor máximo de la formación travertinica supera los 30 m., especialmente en las partes centrales.-

Estos afloramientos se han originado por la precipitación de carbonato de cálcio a partir de soluciones bicarbonatadas cálcicas que han circulado a través de zonas de cizalla.-

CARACTERISTICAS ORNAMENTALES:

El material por sus características presenta un tipo intermedio entre un travertino y un ónix, o sea se define, como travertino onizado, el color es muy variado según los lugares, es así como se presentan colores rosados, blanquecinos y verdosos predominantemente.-

RESERVAS:

Total Volumen Positivo Recuperable: 21.569 m^3.-

PROYECTO DE EXPLOTACION:

Se trata invariablemente de labores a cielo abierto a modo de rajos en frentes de avance y en forma escalonada, aprovechando para ello la facilidad del material de ser separado en bancos de espesores constantes.-

El factor económico de mayor importancia lo representa el acceso al yacimiento, en el tramo de 17 Km. comprendido entre La Toma y la zona de las canteras, que por seguir el curso del río Potrero Grande, es destruido anualmente por las fuertes crecidas estivales.-

MERCADO:

Potencialmente bueno, se ubica en los grandes centros urbanos.-

5.4.3. Cantera Anita II. Expte. *D.P.M.*: 6079 - M - 74.-

UBICACION E INFRAESTRUCTURA:

La zona del yacimiento se localiza en el sector Nor-Occidental de la provincia de La Rioja, en el distrito Cerro La Gloria del departamento Gral. Lamadrid, en la confluencia de los ríos Potrero Grande y Guanacas Gorda, con coordenadas geográficas 29° 02' de latitud Sur y 67° 55' de longitud Oeste.-

Los accesos al lugar se realizan en parte en vehículos y en parte en animales mulares. Se parte desde Villa Castelli hacia el Este, hasta La Toma aproximadamente 10 Km., desde La Toma hasta el yacimiento por 17 Km., en partes por el cause del río y por zonas de niveles aterrazados en otros casos. La población más cercana es Villa Castelli, cabecera del departamento con 1.500 habitantes, hospital, policía, escuela primaria, secundaria y de nivel terciario, teléfonos, servicio postal y estación de servicios.-

RECURSOS:

Agua: Es factible de obtenerse durante todo el año del río Potrero Grande, en perfectas condiciones de potabilidad.-

Vegetación: Las especies más comunes son varilla, molle, pájaro bobo o suncho, cortadera, chaguar, ajenjo, etc.-

CLIMA:

Continental seco.-

GEOLOGIA:

Esta zona se ubica en el cordón montañoso, conocido como Cuchilla Negra. Dicha entidad ortográfica de rumbo general Submeridional, se extiende al Occidente de la Sierra de Famatina. El relieve en general es escarpado con numerosos cursos tributarios del colector mayor, que es el río Potrero Grande, desarrollando un sistema dentritico de valles.-

El yacimiento en si, se trata de precipitaciones de carbonato de calcio, bajo la forma de aragonita y calcita, determinando la formación de travertino en la mayor parte de los casos y de ónix en circunstancias aisladas.-

El primer caso constituye el grueso de las reservas, mientras que el ónix se circunscribe a delgadas capas intercaladas en los bancos de travertino, alcanzando hasta 0,80 m. de potencia.-

El espesor máximo de la formación travertínica supera los 30 m., especialmente en las partes centrales.-

Estos afloramientos se han originado por la precipitación de carbonato de calcio a partir de soluciones bicarbonatadas cálcicas que han circulado a través de zonas de cizalla.-

CARACTERISTICAS ORNAMENTALES:

El materia por sus características presenta un tipo intermedio entre un travertino y un ónix, o sea se define, como travertino onizado, el color es muy variado según los lugares, es así como se presentan colores rosados, blanquecinos y verdosos predominantemente.-

RESERVAS:

Total Volumen Positivo Recuperable : 21.569 m^3.-

PROYECTO DE EXPLOTACION:

Se trata invariablemente de labores a cielo abierto a modo de rajos en frentes de avance y en forma escalonada, aprovechando para ello la facilidad del material de ser separado en bancos de espesores constantes.-

El factor económico de mayor importancia lo representa el acceso al yacimiento, en el tramo de 17 Km. comprendido entre La Toma y la zona de las canteras, que por seguir el curso del río Potrero Grande, es destruido anualmente por las fuertes crecidas estivales.-

MERCADO:

Potencialmente bueno, se ubica en los grandes centros urbanos.-

5.5. Departamento General Manuel Belgrano

5.5.1. Cantera Sierra de los Quinteros I. Expte. *D.P.M.*: 9632 - P - 90.-

UBICACION E INFRAESTRUCTURA:

Esta cantera se ubica en el distrito Sierra de los Quinteros del departamento Gral. Belgrano - La Rioja, siendo sus coordenadas geográficas 30° 05' de Latitud Sur y 66° 22' de Longitud Oeste.-

Para acceder a la cantera, partiendo de Punta de los Llanos, sobre la Ruta Nacional N° 38, se toma Ruta Provincial N° 39, hasta El Alto, donde se desvía hacia la izquierda, hasta llegar a Tama, tras recorrer un total de 40 Km.-

Desde Tama, se toma un camino provincial que lleva a la localidad de Pacatala, a unos 25 Km.,. de la anterior, donde se desvía al Este por un camino de cornisa que va a Las Huertas, con rumbo general Oeste - Este, pasando por Casas Viejas. Al llegar a Las Huertas, se desvía al Norte y tras recorrer 700 m. se ingresa al pedimento llamado Sierra de los Quinteros, ubicado a ambos lados del camino mencionado.-

RECURSOS:

El Río Chilcal que corre dentro de la zona de estudio, lleva agua todo el año y con suficiente caudal y calidad para consumo del personal y la explotación.-

La vegetación es de tipo arbustiva, predominando la jarilla y el yinque, son frecuentes los quebrachos y talas.-

CLIMA:

Debido a la altura (1.500 m. sobre el nivel del mar) es marcadamente más húmedo y fresco que en las zonas bajas, de clima desértico. La condensación diferencial provoca nieblas muy cerradas y frecuentes lluvias en verano. El invierno es seco y muy frío, con heladas periódicas.-

GEOLOGIA:

Regionalmente se ubica a la litología aflorante como integrante del Basamento Cristalino de las Sierras Pampeanas de La Rioja. El yacimiento esta íntegramente ubicado dentro del stock granodiorítico que conforma la facie normal de la formación Chepes.-

Debido a sus características la roca presenta los siguientes aspectos favorables: a) las inclusiones microdioríticas son muy escasas y cuando las hay tienen dimensiones no superiores a los 7/8 de mm.- b) de igual manera las vetas aplopegmatiticas y aplíticas cuarzo-feldespáticas son casi inexistentes. - c) las diaclasas de cizalla o de tipo compresional están poco desarrolladas y cuando se presentan, tienen un espaciado que no perjudica mayormente el recupero en bloques de la cantera. - d) se puede observar un fenómeno asociado a la textura cataclástica secundaria, cual es la percolación por fisuras y micro fisuras de fluidos hidrotermales, que dieron origen a la cristalización de delgadas películas de oxido férrico, tiñendo los granos de cuarzo (más frágiles) de color rojo intenso a naranja.-

Este fenómeno dio origen a dos tipos litológicos derivados del color primario (gris lilaceo) que son variedad color borra vino y tipo denominado marrón sierra, donde el color adquirido es el naranja.-

CARACTERISTICAS ORNAMENTALES:

Esta cantera posee dos tipos litológicos comerciales denominados gris lilaceo y marrón sierra.-

RESERVAS:

Volumen total recuperable 740.116 m³.-

PROYECTO DE EXPLOTACION:

Consiste básicamente en una explotación a cielo abierto de bochas o grandes bancos abiertos naturalmente por lisos maestros, formando frentes escalonados transversales a la dirección de avance, a los fines de concentrar en un sector relativamente reducido los frentes de producción y playa de recuadre, con el objeto de lograr un optimo rendimiento de los equipos. La metodología de la explotación consiste en tres operaciones fundamentales : a) desprendimiento de grandes mazos. - b) movimientos de los mazos. - c) recuadre en bloques del material.-

MERCADO:

Potencialmente bueno, se ubica en los grandes centros urbanos.-

5.5.2. Cantera Sierra de los Quinteros II. Expte. D.P.M.: 9633 - P - 90.-

UBICACION E INFRAESTRUCTURA:

Esta cantera se ubica en el distrito Sierra de los Quinteros del departamento Gral. Belgrano - La Rioja, siendo sus coordenadas geográficas 30° 05' de Latitud Sur y 66° 22' de Longitud Oeste.-

Para acceder a la cantera, partiendo de Punta de los Llanos, sobre la Ruta Nacional N° 38, se toma Ruta Provincial N° 39, hasta El Alto, donde se desvía hacia la izquierda, hasta llegar a Tama, tras recorrer un total de 40 Km.-

Desde Tama, se toma un camino provincial que lleva a la localidad de Pacatala, a unos 25 Km.,. de la anterior, donde se desvía al Este por un camino de cornisa que va a Las Huertas, con rumbo general Oeste - Este, pasando por Casas Viejas. Al llegar a Las Huertas, se desvía al Norte y tras recorrer 700 m. se ingresa al pedimento llamado Sierra de los Quinteros, ubicado a ambos lados del camino mencionado.-

RECURSOS:

El Río Chilcal que corre dentro de la zona de estudio, lleva agua todo el año y con suficiente caudal y calidad para consumo del personal y la explotación.-

La vegetación es de tipo arbustiva, predominando la jarilla y el yinque, son frecuentes los quebrachos y talas.-

CLIMA:

Debido a la altura (1.500 m. sobre el nivel del mar) es marcadamente más húmedo y fresco que en las zonas bajas, de clima desértico. La condensación diferencial provoca nieblas muy cerradas y frecuentes lluvias en verano. El invierno es seco y muy frío, con heladas periódicas.-

GEOLOGIA:

Regionalmente se ubica a la litología aflorante como integrante del Basamento Cristalino de las Sierras Pampeanas de La Rioja. El yacimiento esta íntegramente ubicado dentro del stock granodiorítico que conforma la facies normal de la formación Chepes.-

Debido a sus características la roca presenta los siguientes aspectos favorables: a) las inclusiones microdioríticas son muy escasas y cuando las hay tienen dimensiones no superiores a los 7/8 de mm.- b) de igual manera las vetas aplopegmatiticas y aplíticas cuarzo-feldespáticas son casi inexistentes. - c) las diaclasas de cizalla o de tipo compresional estan poco desarrolladas y cuando se presentan, tienen un espaciado que no perjudica mayormente el recupero en bloques de la cantera. - d) se puede observar un fenómeno asociado a la textura cataclástica secundaria, cual es la percolación por fisuras y micro fisuras de fluidos hidrotermales, que dieron origen a la cristalización de delgadas películas de oxido férrico, tiñendo los granos de cuarzo (más frágiles) de color rojo intenso a naranja.-

Este fenómeno dio origen a dos tipos litológicos derivados del color primario (gris lilaceo) que son variedad color borra vino y tipo denominado marrón sierra, donde el color adquirido es el naranja.-

CARACTERISTICAS ORNAMENTALES:

Esta cantera posee dos tipos litológicos comerciales denominados gris lilaceo y marrón sierra.-

RESERVAS:

Volumen total recuperable 474.782 m^3.-

PROYECTO DE EXPLOTACION:

Consiste básicamente en una explotación a cielo abierto de bochas o grandes bancos abiertos naturalmente por lisos maestros, formando frentes escalonados transversales a la dirección de avance, a los fines de concentrar en un sector relativamente reducido los frentes de producción y playa de recuadre, con el objeto de lograr un optimo rendimiento de los equipos. La metodología de la explotación consiste en tres operaciones fundamentales: a) desprendimiento de grandes mazos. - b) movimientos de los mazos. - c) recuadre en bloques del material.-

MERCADO:

Potencialmente bueno, se ubica en los grandes centros urbanos.-

5.5.3. Cantera Sierra de los Quinteros III. Expte. *D.P.M.*: 9634 - P - 90.-

UBICACION E INFRAESTRUCTURA:

Esta cantera se ubica en el distrito Sierra de los Quinteros del departamento Gral. Belgrano - La Rioja, siendo sus coordenadas geográficas 30° 05' de Latitud Sur y 66° 22' de Longitud Oeste.-

Para acceder a la cantera, partiendo de Punta de los Llanos, sobre la Ruta Nacional N° 38, se toma Ruta Provincial N° 39, hasta El Alto, donde se desvía hacia la izquierda, hasta llegar a Tama, tras recorrer un total de 40 Km.-

Desde Tama, se toma un camino provincial que lleva a la localidad de Pacatala, a unos 25 Km., de la anterior, donde se desvía al Este por un camino de cornisa que va a Las Huertas, con rumbo general Oeste - Este, pasando por Casas Viejas. Al llegar a Las Huertas, se desvía al Norte y tras recorrer 700 m. se ingresa al pedimento llamado Sierra de los Quinteros, ubicado a ambos lados del camino mencionado.-

RECURSOS:

El Río Chilcal que corre dentro de la zona de estudio, lleva agua todo el año y con suficiente caudal y calidad para consumo del personal y la explotación.-

La vegetación es de tipo arbustiva, predominando la jarilla y el yinque, son frecuentes los quebrachos y talas.-

CLIMA:

Debido a la altura (1.500 m. sobre el nivel del mar) es marcadamente más húmedo y fresco que en las zonas bajas, de clima desértico. La condensación diferencial provoca nieblas muy cerradas y frecuentes lluvias en verano. El invierno es seco y muy frío, con heladas periódicas.-

GEOLOGIA:

Regionalmente se ubica a la litología aflorante como integrante del Basamento Cristalino de las Sierras Pampeanas de La Rioja. El yacimiento esta íntegramente ubicado dentro del stock granodiorítico que conforma la facie normal de la formación Chepes.-

Debido a sus características la roca presenta los siguientes aspectos favorables: a) las inclusiones microdioríticas son muy escasas y cuando las hay tienen dimensiones no superiores a los 7/8 de mm.- b) de igual manera las vetas aplopegmatíticas y aplíticas cuarzo-feldespáticas son casi inexistentes. - c) las diaclasas de cizalla o de tipo compresional están poco desarrolladas y cuando se presentan, tienen un espaciado que no perjudica mayormente el recupero en bloques de la cantera. - d) se puede observar un fenómeno asociado a la textura cataclástica secundaria, cual es la percolación por fisuras y micro fisuras de fluidos hidrotermales, que dieron origen a la cristalización de delgadas películas de oxido férrico, tiñendo los granos de cuarzo (más frágiles) de color rojo intenso a naranja.-

Este fenómeno dio origen a dos tipos litológicos derivados del color primario (gris lilaceo) que son variedad color borra vino y tipo denominado marrón sierra, donde el color adquirido es el naranja.-

CARACTERISTICAS ORNAMENTALES:

Esta cantera posee dos tipos litológicos comerciales denominados gris lilaceo y marrón sierra.-

RESERVAS:

Volumen total recuperable 259.965 m^3.-

PROYECTO DE EXPLOTACION:

Consiste básicamente en una explotación a cielo abierto de bochas o grandes bancos abiertos naturalmente por lisos maestros, formando frentes escalonados transversales a la dirección de avance, a los fines de concentrar en un sector relativamente reducido los frentes de producción y playa de recuadre, con el objeto de lograr un optimo rendimiento de los equipos. La metodología de la explotación consiste en tres operaciones fundamentales: a) desprendimiento de grandes mazos. - b) movimientos de los mazos. - c) recuadre en bloques del material.-

5.5.4. Cantera Sierra de los Quinteros IV. Expte. *D.P.M.*: 9635 - P - 90.-

UBICACION E INFRAESTRUCTURA:

Esta cantera se ubica en el distrito Sierra de los Quinteros del departamento

Gral. Belgrano - La Rioja, siendo sus coordenadas geográficas 30° 05' de Latitud Sur y 66° 22' de Longitud Oeste.-

Para acceder a la cantera, partiendo de Punta de los Llanos, sobre la Ruta Nacional N° 38, se toma Ruta Provincial N° 39, hasta El Alto, donde se desvía hacia la izquierda, hasta llegar a Tama, tras recorrer un total de 40 Km.-

Desde Tama, se toma un camino provincial que lleva a la localidad de Pacatala, a unos 25 Km.,. de la anterior, donde se desvía al Este por un camino de cornisa que va a Las Huertas, con rumbo general Oeste - Este, pasando por Casas Viejas. Al llegar a Las Huertas, se desvía al Norte y tras recorrer 700 m. se ingresa al pedimento llamado Sierra de los Quinteros, ubicado a ambos lados del camino mencionado.-

RECURSOS:

El Río Chilcal que corre dentro de la zona de estudio, lleva agua todo el año y con suficiente caudal y calidad para consumo del personal y la explotación.-

La vegetación es de tipo arbustiva, predominando la jarilla y el yinque, son frecuentes los quebrachos y talas.-

CLIMA:

Debido a la altura (1.500 m. sobre el nivel del mar) es marcadamente más húmedo y fresco que en las zonas bajas, de clima desértico. La condensación diferencial provoca nieblas muy cerradas y frecuentes lluvias en verano. El invierno es seco y muy frío, con heladas periódicas.-

GEOLOGIA:

Regionalmente se ubica a la litología aflorante como integrante del Basamento Cristalino de las Sierras Pampeanas de La Rioja. El yacimiento esta íntegramente ubicado dentro del stock granodiorítico que conforma la facie normal de la formación Chepes.-

Debido a sus características la roca presenta los siguientes aspectos favorables: a) las inclusiones microdioríticas son muy escasas y cuando las hay tienen dimensiones no superiores a los 7/8 de mm.- b) de igual manera las vetas aplopegmatíticas y aplíticas cuarzo-feldespáticas son casi inexistentes. - c) las diaclasas de cizalla o de tipo compresional están poco desarrolladas y cuando se presentan, tienen un espaciado que no perjudica mayormente el recupero en bloques de la cantera. - d) se puede observar un fenómeno asociado a la textura cataclástica secundaria, cual es la percolación por fisuras y micro fisuras de fluidos hidrotermales, que dieron origen a la cristalización de delgadas películas de oxido férrico, tiñendo los granos de cuarzo (más frágiles) de color rojo intenso a naranja.-

Este fenómeno dio origen a dos tipos litológicos derivados del color primario (gris lilaceo) que son variedad color borra vino y tipo denominado marrón sierra, donde el color adquirido es el naranja.-

CARACTERISTICAS ORNAMENTALES:

Esta cantera posee dos tipos litológicos comerciales denominados gris lilaceo y marrón sierra.-

RESERVAS:

Volumen total recuperable 648.180 m³.-

PROYECTO DE EXPLOTACION:

Consiste básicamente en una explotación a cielo abierto de bochas o grandes bancos abiertos naturalmente por lisos maestros, formando frentes escalonados transversales a la dirección de avance, a los fines de concentrar en un sector relativamente reducido los frentes de producción y playa de recuadre, con el objeto de lograr un optimo rendimiento de los equipos. La metodología de la explotación consiste en tres operaciones fundamentales : a) desprendimiento de grandes mazos. - b) movimientos de los mazos. - c) recuadre en bloques del material.-

MERCADO:

Potencialmente bueno, se ubica en los grandes centros urbanos.-

5.5.5. Cantera Sierra de los Quinteros V. Expte. *D.P.M.*: 9636 - T - 90.-

UBICACION E INFRAESTRUCTURA:

Esta cantera se ubica en el distrito Sierra de los Quinteros del departamento Gral. Belgrano - La Rioja, siendo sus coordenadas geográficas 30° 05' de Latitud Sur y 66° 22' de Longitud Oeste.-

Para acceder a la cantera, partiendo de Punta de los Llanos, sobre la Ruta Nacional N° 38, se toma Ruta Provincial N° 39, hasta El Alto, donde se desvía hacia la izquierda, hasta llegar a Tama, tras recorrer un total de 40 Km.-

Desde Tama, se toma un camino provincial que lleva a la localidad de Pacatala, a unos 25 Km.,. de la anterior, donde se desvía al Este por un camino de cornisa que va a Las Huertas, con rumbo general Oeste - Este, pasando por Casas Viejas. Al llegar a Las Huertas, se desvía al Norte y tras recorrer 700 m. se ingresa al pedimento llamado Sierra de los Quinteros, ubicado a ambos lados del camino mencionado.-

RECURSOS:

El Río Chilcal que corre dentro de la zona de estudio, lleva agua todo el año y con suficiente caudal y calidad para consumo del personal y la explotación.-

La vegetación es de tipo arbustiva, predominando la jarilla y el yinque, son frecuentes los quebrachos y talas.-

CLIMA:

Debido a la altura (1.500 m. sobre el nivel del mar) es marcadamente más húmedo y fresco que en las zonas bajas, de clima desértico. La condensación diferencial provoca nieblas muy cerradas y frecuentes lluvias en verano. El invierno es seco y muy frío, con heladas periódicas.-

GEOLOGIA:

Regionalmente se ubica a la litología aflorante como integrante del Basamento Cristalino de las Sierras Pampeanas de La Rioja.

El yacimiento esta íntegramente ubicado dentro del stock granodiorítico que conforma la facies normal de la formación Chepes.-

Debido a sus características la roca presenta los siguientes aspectos favorables: a) las inclusiones microdioriticas son muy escasas y cuando las hay tienen dimensiones no superiores a los 7/8 de mm.- b) de igual manera las vetas aplopegmatiticas y aplíticas cuarzo-feldespaticas son casi inexistentes. - c) las diaclasas de cizalla o de tipo compresional estan poco desarrolladas y cuando se presentan, tienen un espaciado que no perjudica mayormente el recupero en bloques de la cantera. - d) se puede observar un fenómeno asociado a la textura cataclástica secundaria, cual es la percolación por fisuras y micro fisuras de fluidos hidrotermales, que dieron origen a la cristalización de delgadas películas de oxido férrico, tiñendo los granos de cuarzo (más frágiles) de color rojo intenso a naranja.-

Este fenómeno dio origen a dos tipos litológicos derivados del color primario (gris lilaceo) que son variedad color borra vino y tipo denominado marrón sierra, donde el color adquirido es el naranja.-

CARACTERISTICAS ORNAMENTALES:

Esta cantera posee dos tipos litológicos comerciales denominados gris lilaceo y marrón sierra.-

RESERVAS:

Volumen total recuperable 751.732 m^3.-

PROYECTO DE EXPLOTACION:

Consiste básicamente en una explotación a cielo abierto de bochas o grandes bancos abiertos naturalmente por lisos maestros, formando frentes escalonados transversales a la dirección de avance, a los fines de concentrar en un sector relativamente reducido los frentes de producción y playa de recuadre, con el objeto de lograr un optimo rendimiento de los equipos. La metodología de la explotación consiste en tres operaciones fundamentales: a) desprendimiento de grandes mazos. - b) movimientos de los mazos. - c) recuadre en bloques del material.-

MERCADO:

Potencialmente bueno, se ubica en los grandes centros urbanos.-

5.5.6. Cantera Sierra de los Quinteros VI. Expte. *D.P.M.*: 9637 - T - 90.-

UBICACION E INFRAESTRUCTURA:

Esta cantera se ubica en el distrito Sierra de los Quinteros del departamento Gral. Belgrano - La Rioja, siendo sus coordenadas geográficas 30° 05' de Latitud Sur y 66° 22' de Longitud Oeste.-

Para acceder a la cantera, partiendo de Punta de los Llanos, sobre la Ruta Nacional N° 38, se toma Ruta Provincial N° 39, hasta El Alto, donde se desvía hacia la izquierda, hasta llegar a Tama, tras recorrer un total de 40 Km.-

Desde Tama, se toma un camino provincial que lleva a la localidad de Pacatala, a unos 25 Km.,. de la anterior, donde se desvía al Este por un camino de cornisa que va a Las Huertas, con rumbo general Oeste - Este, pasando por Casas Viejas. Al llegar a Las Huertas, se desvía al Norte y tras recorrer 700 m. se ingresa al pedimento llamado Sierra de los Quinteros, ubicado a ambos lados del camino mencionado.-

RECURSOS:

El Río Chilcal que corre dentro de la zona de estudio, lleva agua todo el año y con suficiente caudal y calidad para consumo del personal y la explotación.-

La vegetación es de tipo arbustiva, predominando la jarilla y el yinque, son frecuentes los quebrachos y talas.-

CLIMA:

Debido a la altura (1.500 m. sobre el nivel del mar) es marcadamente más húmedo y fresco que en las zonas bajas, de clima desértico. La condensación diferencial provoca nieblas muy cerradas y frecuentes lluvias en verano. El invierno es seco y muy frío, con heladas periódicas.-

GEOLOGIA:

Regionalmente se ubica a la litología aflorante como integrante del Basamento Cristalino de las Sierras Pampeanas de La Rioja. El yacimiento esta íntegramente ubicado dentro del stock granodiorítico que conforma la facie normal de la formación Chepes.-

Debido a sus características la roca presenta los siguientes aspectos favorables : a) las inclusiones microdioríticas son muy escasas y cuando las hay tienen dimensiones no superiores a los 7/8 de mm.- b) de igual manera las vetas aplopegmatíticas y aplíticas cuarzo-feldespaticas son casi inexistentes. - c) las diaclasas de cizalla o de tipo compresional están poco desarrolladas y cuando se presentan, tienen un espaciado que no perjudica mayormente el recupero en bloques de la cantera. - d) se puede observar un fenómeno asociado a la textura cataclástica secundaria, cual es la percolación por fisuras y micro fisuras de fluidos hidrotermales, que dieron origen a la cristalización de delgadas películas de oxido férrico, tiñendo los granos de cuarzo (más frágiles) de color rojo intenso a naranja.-

Este fenómeno dio origen a dos tipos litológicos derivados del color primario (gris lilaceo) que son variedad color borra vino y tipo denominado marrón sierra, donde el color adquirido es el naranja.-

CARACTERISTICAS ORNAMENTALES:

Esta cantera posee dos tipos litológicos comerciales denominados gris lilaceo y marrón sierra.-

RESERVAS:

Volumen total recuperable 340.342 m^3.-

PROYECTO DE EXPLOTACION:

Consiste básicamente en una explotación a cielo abierto de bochas o grandes bancos abiertos naturalmente por lisos maestros, formando frentes escalonados transversales a la dirección de avance, a los fines de concentrar en un sector relativamente reducido los frentes de producción y playa de recuadre, con el objeto de lograr un optimo rendimiento de los equipos. La metodología de la explotación consiste en tres operaciones fundamentales: a) desprendimiento de grandes mazos. - b) movimientos de los mazos. - c) recuadre en bloques del material.-

MERCADO:

Potencialmente bueno, se ubica en los grandes centros urbanos.-

5.5.7. Cantera El Mistol I. Expte. D.P.M.: 9640 -G - 90.-

UBICACION E INFRAESTRUCTURA:

Esta cantera se ubica en el departamento General Belgrano, a la vera del camino en construcción entre la localidad de La Chimenea y Olta, y a unos 4 Km. antes de llegar a La Chimenea. Se puede acceder también a la misma por el camino que viene de Solca.

5.5.8. Cantera El Mistol IV. Expte. *D.P.M.*: 9646 - T - 90.-

UBICACION E INFRAESTRUCTURA:

A este yacimiento se accede fácilmente con cualquier tipo de vehículo ya que esta ubicado al costado de la ruta provincial que une las localidades de Olta con la Chimenea, por la Quebrada de Río Olta, a 12 Km. de esta y a 5km. de La Chimenea.-

La localidad más cercana es Olta, con aceptable infraestructura, hospital zonal, escuelas primarias y secundarias, teléfono, talleres, comercios, estación de servicios, etc.- A 30 Km. de esta se halla

Chamical, con mayor infraestructura aún. En la zona puede encontrarse personal obrero con experiencia para trabajos en canteras.-

RECURSOS:

El Río Olta trae agua entre los meses de Diciembre a Mayo, pero además hay vertientes cercanas con agua potable en las inmediaciones del yacimiento y el Dique de Olta a 7 Km. La energía eléctrica llega hasta el mencionado dique.-

En el área hay Bosques de quebrachos, algarrobos y monte bajo espinoso, que particularmente en la quebrada es tan cerrado que impide el paso.-

CLIMA:

Semidesértico con precipitaciones escasas.-

GEOLOGIA:

El área se encuentra en el denominado Sector Austral de las Sierras Pampeanas, en el tramo medio de la Sierra de Los Llanos, originado por grandes fracturas regionales de rumbo aproximado Norte-Sur y de bloque basculantes. Predominan en la región las rocas del basamento cristalino, granitos y tonalitas de dimensiones batolíticas, correspondiente a la formación Chepes.-

Granitos pegmatoides de grandes dimensiones se distinguen por su intenso color rosado, a la vera del camino a Olta.-

CARACTERISTICAS ORNAMENTALES:

El yacimiento ofrece la presencia casi excluyente de una tonalita gris azulada. Esta roca es de gano mediano homogéneo, y el es el cuarzo el que le confiere esa tonalidad azulada tan particular.-

RESERVAS:

Positivas Recuperables: 750.000 m^3.-

PROYECTO DE EXPLOTACION:

La metodología de explotación será la usual para este tipo de canteras, es decir corte de un plano vertical o dos, si no hay diaclasa de "Levante", volteo del "Bochón", retiro del frente con guinche y cable de acero o empleo de cargadora frontal, finalmente terminado de su escuadrado en cancha.-

MERCADO:

Potencialmente bueno se ubica en los grandes centros urbanos.-

5.5.9. Cantera El Mistol V. Expte. D.P.M.: 9647 - O - 90.-

UBICACION E INFRAESTRUCTURA:

Esta cantera se ubica en el departamento General Belgrano, a la vera del camino en construcción entre las localidades de Olta y La Chimenea, y a unos 4,5 Km. antes de llegar a esta.-

5.5.10. Cantera Las Higueras II. Expte. D.P.M.: 9683 - F - 90.-

UBICACION E INFRAESTRUCTURA:

Este yacimiento de granito rosado se ubica en la localidad de Las Higueras del distrito Sierra de los Quinteros, departamento General Belgrano La Rioja. Se llega al mismo tomando desde la localidad de Pacatala, el camino provincial que une esta con Casas Viejas, con rumbo Este, para luego continuar con el mismo unos 7 Km. al Sudeste, hasta llegar a la localidad de Las Higueras.-

5.6. Departamento Coronel Felipe Varela

5.6.1. Cantera Los Blanquitos. Expte. *D.P.M.*: 9853 - M - 93.-

UBICACION E INFRAESTRUCTURA:

Esta cantera de mármol blanco se encuentra ubicada en el paraje denominado Los Blanquitos, distrito Guandacol, departamento Felipe Várela - La Rioja.-

5.6.2. Cantera Fabricio. Expte. *D.P.M.*: 9881 - L - 93.-

UBICACION E INFRAESTRUCTURA:

Esta cantera de mármol blanco se encuentra ubicada en el paraje denominado Los Blanquitos, distrito Guandacol, departamento Felipe Várela - La Rioja.-

5.6.3. Cantera Señora Del Transito. Expte. *D.P.M.*: 4050 - C - 66.-

UBICACION E INFRAESTRUCTURA:

Esta cantera se ubica en la Quebrada del Taco, a aproximadamente 6 Km. al Oeste del puesto de la Chilca, en el distrito Guandacol, departamento Coronel Felipe Várela - La Rioja, con coordenadas geográficas 68° 31' de Longitud Oeste y 29° 28' de Latitud Sur. La altura media es de 1.500 m. sobre el nivel del mar.-

El acceso se realiza desde la Ruta Nacional N° 20, unos 5 Km. antes del puesto La Chilca, por un camino de 6 Km. de longitud, en regular estado de conservación, hasta la boca de la quebrada, y desde allí se sigue aproximadamente 1 Km. por el curso del Río hasta la cantera. La estación de ferrocarril más cercana es Jachal a 115 Km.-

La población más cercana es Guandacol y cuenta con aproximadamente 1.200 habitantes, hospital, subcomisaría, escuela, servicio postal y teléfonos.-

RECURSOS:

No hay agua en la zona de la cantera, es necesario traerla desde Guandacol distante 20 Km. La leña es escasa, pero puede conseguirse en cantidad suficiente par el consumo. Existen retamos y algunas especies de arbustos espinosos.-

CLIMA:

Continental seco, semidesértico que permite trabajar durante todo el año. La temperatura media anual es de 18°C, y las precipitaciones promedio anual es de 150 mm.

GEOLOGIA:

En el área de la cantera aflora una potente secuencia metamórfica integrada por anfibolitas, micaesquistos, y calizas dolomíticas cristalinas granulosas.-

En la literatura geológica se designan a estas rocas con el término muy amplio de formación Umango, atribuyéndosele una edad precámbrica. Algo más al Sur de la cantera, por sobre las metamorfitas se apoyan en discordancia angular las sedimentitas grauvaquicas de la formación Guandacol de edad neodevónica eocarbónica.-

RESERVAS:

Volumen Total de Reservas Positivas: 828 m³.-

MERCADO:

Las condiciones de explotabilidad que el mercado requiere, son las siguientes:

1) Posibilidad de extraer bloques dentro de las siguientes dimensiones: 0,70m x 0,60m x 1,50m,.-
2) Regularidad en la coloración.-
3) Relación económica favorable entre la obtención de bloques y la de escallas.-
4) Ubicación topográfica que permita la explotación sin exceso de movimiento de estéril.-

5.7. Departamento Vinchina

5.7.1. Cantera Nueva Esperanza. Expte. *D.P.M.*: 7526 - R - 78.-

UBICACION E INFRAESTRUCTURA:

Esta cantera se encuentra ubicada en el distrito Potrero Grande del departamento Vinchina - La Rioja.- El acceso se realiza por un camino en buen estado de conservación que une la localidad de Jagüe con la población de Potrero Grande, desviándose unos 7 Km. antes de esta, por una huella minera de 12 Km. de longitud que aprovecha los causes secos de los Ríos y zonas bajas, existiendo algunos puntos críticos en el trayecto, la distancia del yacimiento a La Rioja es de 415 Km. aproximadamente.-

El núcleo humano más importante lo constituye la escuela hogar de Potrero Grande y caseríos de El Cuadro y El Cienego, existe posta policial y sanitaria y la distancia al yacimiento es de 19 Km..-

RECURSOS:

El agua para consumo humano y otras necesidades es suministrada por vertientes permanentes, en las proximidades del yacimiento y ubicadas en las márgenes del Río que sirve acceso. La leña se encuentra en cantidad suficiente para atender las necesidades de consumo.-

CLIMA:

Es de tipo árido andino puneño con transición al de sierras y bolsones. Las precipitaciones son escasas y generalmente se producen en el período estival. El viento Zonda es el más frecuente en la zona. El yacimiento se encuentra a 3.100m sobre el nivel del mar.-

GEOLOGIA:

La entidad geológica aflorante en la Región y de más amplia distribución areal, corresponde al basamento cristalino, formado por rocas metamórficas, migmatitas y algunos cuerpos serpentínicos de edad precámbrica que se designa como formación espinal.-

Las rocas metamórficas corresponden a un metamorfismo de alto grado y formadas por esquistos, esquistos micaceos, anfibolitas, gneis y algunos afloramientos de calizas cristalinas (mármoles).-

El color de los esquistos en general va de gris claro a negro, con una marcada esquistosidad, presentando inyecciones de cuarzo que le confieren al conjunto en algunos sitios un aspecto baldeado, típico de estos tipos de rocas.-

El yacimiento presenta una topografía muy abrupta, con unos 350 a 450 m. de desnivel entre el sitio más bajo y el más alto, y con una gran dorsal donde afloran los bancos de caliza cristalina, de espesores no constantes, donde se intercalan entre esquistos, gneises y algunas anfibolitas.-

Estas calizas se presentan de color blanco en general (80 % del afloramiento), rosados y gris claros en algunos sectores bastante impuros y con niveles silicaticos.-

CARACTERISTICAS ORNAMENTALES:

Mármol blanco.-

RESERVAS:

Total de Reservas Positivas: .... 935.740 Ton.

Total de Reservas Inferidas:............................. 381.550 Ton.

5.8. Departamento Independencia

5.8.1. Cantera La Torre I. Expte. *D.P.M.*: 8402 - C - 80 .-

UBICACION E INFRAESTRUCTURA:

Esta cantera se ubica en el distrito La Torre del departamento Independencia, La Rioja

5.9. Departamento General Juan Facundo Quiroga

5.9.1. Cantera Santa Rita. Expte. *D.P.M.*: 6190 - I - 74.-

UBICACION E INFRAESTRUCTURA:

Esta cantera se ubica en el distrito Guasamayo del departamento Gral. Juan Facundo Quiroga - La Rioja. Para acceder a ella, desde Guasamayo, en las cercanías de Solca, por la Ruta Provincial N° 31, esta ruta comunica por un lado con la Ruta Provincial N° 49, en la localidad de Atiles ; por otro empalma con la Ruta Nacional N° 79, luego de pasar por el Dique de Anzulón, 4 Km. antes de Santa Rita de Catuna hasta Guasamayo que queda a 1,2 Km. de la Ruta N° 31, se llega en vehículo y hasta la cantera, en un trayecto de unos 6 Km. en mularesé. Casangate a 8Km., Solca a 11 Km. y Malanzan, la más importante a 22 km. al Oeste de la cantera, son las localidades más cercanas.-

RECURSOS:

Agua: En la quebrada de acceso (llamada quebrada de Piedras Negras), a 1Km. de la cantera, es posible obtener agua potable de un pequeño arroyo, formado por las vertientes de la zona.

Leña: Existen en la zona numerosas especies arbóreas y arbustivas, como para cubrir las necesidades de la explotación. Las mas comunes son algarrobo, quebracho y tala, y arbustos como tusca y garabato.-

CLIMA:

Continental semidesértico, con temperatura media anual de 18°C., precipitaciones media anula de 200 mm.-

GEOLOGIA:

La cantera se sitúa dentro de la formación Chepes, son granodioritas y tonalitas de las Sierras de los Llanos.-

El afloramiento de granito negro resalta claramente de las rocas circundantes. La forma del cuerpo es oval, con su eje de elongación máximo en sentido Noroeste - Sudeste, las dimensiones son 150 m. en su eje máximo y 115 a 120 en su eje menor.-

CARACTERISTICAS ORNAMENTALES:

El color de la roca es un gris oscuro con tonos verdosos y corresponden a una tonalita biotitica hornblendifera.-

RESERVAS:

Volumen de Reservas Positivas:......................346.182 m³.-

Volumen de Reservas Probables:.....................281.115 m³.-

5.10. Departamento Famatina

5.10.1. Cantera Los Amigos. Expte. D.P.M.: 9657 - G - 90.-

UBICACION E INFRAESTRUCTURA:

Este yacimiento de Mármol Blanco se ubica en el distrito Angulos del departamento Famatina - La Rioja.-

Bibliografia

- **Alvarez, Ramon & Dulce Gomez Limon.** *Laboratorio de Concentración de Menas* (Apuntes). 1995.
- **Alvarez, Ramon.** *Trituración, Molienda y Clasificación***.** (Apuntes) 1996.
- **Brown, E.T.** *Rock Characterization and Monitoring***.** 1981.
- **Caminos, Roberto**. *Sierras Pampeanas de Tucumán, Catamarca, La Rioja y San Juan. Geol. Regional Argentina.* Acad. Nac. de Cs. de Córdoba . 1972.-
- **Chaves, Arthur Pinto.** *Teoria e Practica do Tratamento de Minerios.* volumen 1,2 y 3Dr. Ed. SIGNUS/MINERAL. Brasil. 1996.
- Descripción Geológica de la Hoja 20 F**, Chepes Serv. Geol. Nac. Boletín Nº 188. Ramos V. (1982)**
- *Explotaciones Mineras a Cielo Abierto*. Cursillo de Actualización para graduados. I.I.M. San Juan, 6 al 8 de Noviembre de 1991.
- **Hartman H.L. Fernando.** *Introductory Mining Engineering***.** 1985.
- **Howard L. Hartman.** *SME Mining Engineering Handbook* . 2nd Edition.. 1996. -
- **Jovei .** *Diagrama de Producción de canteras para rocas ornamentales*. 1995.
- **Kelly, Errol G. & David J. Spottiswood.** *Introducción al Procesamiento de Minerales***.** 1990.
- **Korfmann G.** *Modern Engineering***.** 1993.
- *Manual de Perforación y Voladura de Rocas*. I.G.M.E. 1987.-
- *Manual De Rocas Ornamentales***.** Madrid 1995.
- **Mular and Jergensen.** *Disegn and Instalation of conminution Circuit* **.** Aime. New York. 1982.
- **Mullar y Bappu.** *Mineral Procesing Plant Design.* AIME. 1978.

- **Navarro Zarzuelo**. *Trabajo final.* Universidad Provincial de la Rioja.
- **Norma I.R.A.M** 10 601
- **Norma I.R.A.M** 10 602
- **Norma I.R.A.M** 10 606
- **Norma I.R.A.M** 10 608
- **Norma UNE** 22 191 85
- **Norma UNE** 22 192 85
- **Norma UNE** 22 194 85
- **Ortega, Luis Magne.** *Operación de Espesamiento y Filtrado.* (Apuntes), 1991.
- **Pellegrini, Mordenti, BM, Quarries Group, Fantini, y publicaciones varias.** *Catálogos.*
- **Plá Ortiz de Urbina**. *Fundamentos de Laboreo de Minas*. 1994.
- **Samsó, López Eduardo.** *Piedras, granitos y mármoles..* Enciclopedia CEAC de la construcción. Barcelona. 1973.
- **Tamrock**.. *Modern stone quarrying.*

La presente edición de *Rocas de Aplicación de la Provincia de La Rioja* se terminó de imprimir en Universitas en el mes de agosto de 2020.

Impreso en Argentina

UNIVERSITAS